AF493696

F. DESMOUSSEAUX DE GIVRÉ

De Paris en Asie Centrale

SOUVENIRS ET IMPRESSIONS

PARIS
MARCEL RIVIÈRE
1908

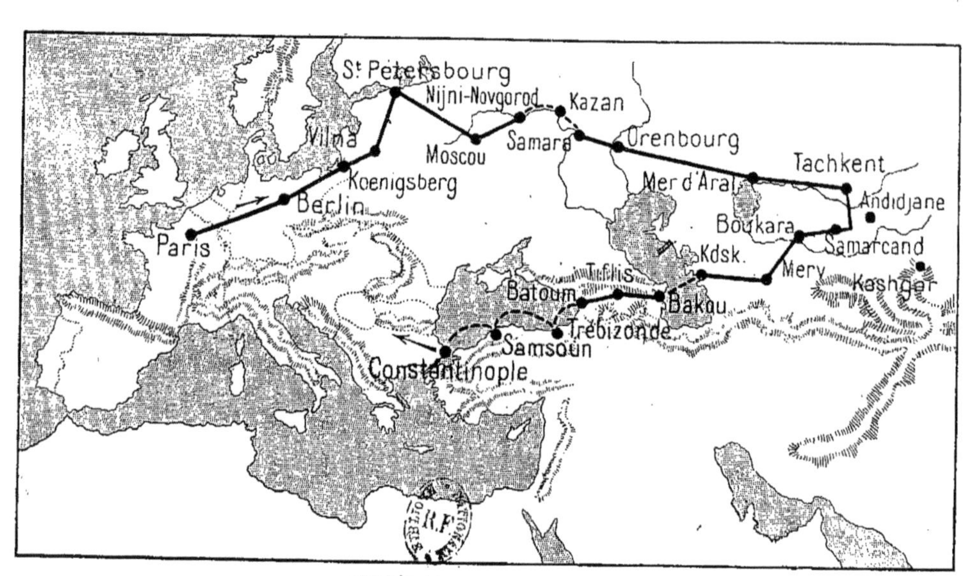

ITINÉRAIRE PARCOURU

INTRODUCTION

Partir le 20 juillet de Paris, visiter Kronstadt, Pétersbourg, Moscou, Nijni, Kazan, Samara, Orenburg, longer la mer d'Aral, admirer les bazars de Tashkent, Samarkand, Bokhara; méditer à Tchardjoui, Merv et Bakou sur l'avenir de la civilisation russe, séjourner à Tiflis en état de siège et de Tiflis se rendre à Constantinople, Brousse, Pesth, Vienne, Salzbourg, de manière à ne pas atteindre Paris plus tard que le 15 septembre, voilà l'œuvre peu commune de touristes entreprenants.

Il est même probable que cette caravane est la première qui ait été tentée au pays des Tatares, des Kirghizes et des Sartes, par un groupe de jeunes hommes, tous étudiants.

Au cours de ce voyage, ils ont éprouvé bien des émotions diverses, toujours agréables et souvent artistiques. Ils ont voulu pouvoir les revivre.

Et c'est ainsi qu'ont été tirées des photographies, la plupart excellentes. Elles sont dues à MM. le docteur Piot, Louis de Crèvecœur, A. Orr.

Mais on a voulu davantage. On a souhaité que fut fait un récit.

Mes notes, assurément, étaient fort incomplètes, le style assez incorrect, j'en ai la crainte, et quant au fond il ne pouvait que témoigner de la grande jeunesse de l'auteur.

Tout de même, je ne pouvais que céder à de trop aimables instances. L'on trouvera dans les pages qui vont suivre, et à côté de l'œuvre artistique de mes charmants compagnons, une relation en mauvaise prose de ce que, malgré la fatigue, nous avons retenu de cette course ultra-rapide à travers un continent.

Saint-Christophe-en-Touraine,
ce 2 novembre 1907.

DE MOSCOU
A SAINT-PÉTERSBOURG

Samedi 20 juillet

Au jeune homme qui, de sa vie, n'a vu d'autres rivages que ceux d'Espagne ou d'Italie, d'autres montagnes que celles de Suisse ou de Savoie, un voyage de vacances en Asie Centrale semble une tentative pour le moins originale. Pourtant ni la rareté ni la difficulté de l'entreprise ne nous ont décidé, mais le souci d'employer nos loisirs avec intelligence.

Dans notre pensée, ce voyage en Orient n'est rien moins qu'une partie de plaisir. Notre but est de faire effort pour acquérir une opinion, provisoire sans doute, mais personnelle et raisonnée sur les hommes et les choses. Car ce pays, qui, d'après son histoire, même contemporaine, serait très flegmatique et très jeune à la fois, apparaît comme parfaitement distinct de tous les autres.

En Grande-Bretagne, j'ai vu celui des grands peuples dont les institutions sont le plus admirables : dans la vie familiale et dans la vie publique, les Écossais et les Anglais sont les maîtres du monde.

Mais de quoi demain sera-t-il fait ?

Le monde slave, arrivé bien tard à la civilisation, dépassera peut-être ses devanciers.

Il faut être prêt à comprendre les événements, donc étudier, et sur place, non dans les livres, mais dans la vie. Et voilà le motif de ce voyage !

De Paris ; 1 h. 50, gare du Nord. — A ma joie qui est profonde se superpose un regret. Mon ami F. L. ne peut m'accompagner. Le souci de bien remplir les devoirs de sa profession l'a emporté sur toutes considérations étrangères. Tout à l'heure, au moment où il m'a dit adieu, j'ai compris que la perspective de cette longue séparation nous était à l'un et à l'autre une peine.

Le train file. Pour ne pas laisser aux exagérations sentimentales de la jeunesse le temps de prendre le dessus, je propose aussitôt un bridge ; il finit comme nous arrivons à Saint-Quentin.

Au-delà de cette ville, on pourrait se croire en Belgique, tant est intense l'activité industrielle ; nombreuses et proprettes les petites maisons à briques jaunes, surabondante la quantité de prolétaires.

A partir de Liége, nous avons sur la Meuse quelques très jolis points de vue. Nous les apprécions d'autant mieux que notre dîner est excellent. De retour dans notre compartiment, mes amis américains et moi échangeons quelques paroles avec notre voisin, un moscovite. Il est d'assez méchante humeur, car la cuisine du wagon-restaurant était — à son gré — très mauvaise.

Kaiserliches Postamt. Ces mots en blanc apparaissent tout à coup sur une baraque proche de la voie que nous suivons. Nous apprenons ainsi que nous sommes arrivés à Herbestal. — Quatre minutes d'arrêt. Les voyageurs se précipitent sur le quai pour y prendre un bock de digestion, mais tout de suite le train s'ébranle à nouveau, si bien qu'à l'ébahissement des serviteurs impayés, nous nous jetons dans nos sleepings le verre en main.

Cologne. Zwei minuten aufenthalt. — Nous couchons et dormons passablement.

Réveil à Berlin à 7 h. 1/4, cinq minutes d'arrêt. Petit déjeuner, puis l'on papote ou l'on dort. Le pays semble pauvre, très pauvre, les figures honnêtes. A Landsberg, toute une foule se trouve réunie à la station. On nous considère comme des objets de curiosité. Louis de Crèvecœur commence un discours : « *Landsberger Herren und Damen!...* » ; déjà on se prépare aux applaudissements, mais l'émotion couvre la voix de l'orateur ; il s'interrompt définitivement. — Custrin sur l'Oder et Mariembourg nous rappellent des souvenirs historiques. Entre temps, nous avions déjeuné et passé les deux bras de la Vistule sur des ponts de forme moyennâgeuse, piles fortifiées et tourelles.

Tous les Allemands, employés ou autres, à qui nous avons eu affaire depuis Aix-la-Chapelle se sont montrés et discrets et prévenants. J'ai fait dans la plupart des pays d'Europe des séjours plus ou moins prolongés et n'ai pu que m'affermir dans cette opinion déjà ancienne : sauf en Pologne, en Lorraine, en Alsace, où survivent de ci de là des procédés lamentables, mais spéciaux, il est agréable toujours d'avoir affaire à un fonctionnaire allemand. Aucune morgue, aucun parti-pris, mais au contraire de la serviabilité, une connaissance vraiment sérieuse de la tâche à remplir, et, par-dessus tout, un vif désir de s'employer au bien public.

Ce ne sont, près d'Elbing, que bois et que marais ; comme à l'aube, près de Berlin, on pourrait se croire en Sologne. A Braunschberg, nous longeons la Baltique, et c'est dommage que la pluie nous empêche de faire profiter nos yeux de ce voisinage qui, en soi, doit être agréable.

Puis Kœnigsberg, ville forte. A Eydtkuhnen, grande gare et arrêt prolongé ; trente mètres plus loin, on passe un ruisseau gardé militairement. C'est la frontière.

Au moment de pénétrer en Russie, nous ne pouvons nous défendre d'une vive émotion. Il semble à notre imagination que nous sommes au seuil d'un monde mystérieux. On nous a dit : « Cachez vos livres avec soin. Leur confiscation est de règle. »

Qu'est-ce que cette patrie qui a peur de la liberté d'écrire ? Et cette même patrie existe-t-elle réellement ou bien n'est-elle, comme a dit J. de Maistre, qu'un vaste mensonge ? Y a-t-il une fusion ou du moins une certaine entente entre les multiples nationalités de cet immense empire ? Une révolution y est-elle possible ? A-t-elle des chances d'aboutir ? Est-elle seulement désirable ?

Voilà plusieurs des questions que l'esprit se pose, et non sans anxiété et sans souffrance.

Au bureau de la douane, ce qui frappe d'abord l'étranger, c'est la présence d'une icône devant laquelle brûlent des cierges. Les employés, de costumes très divers, marchent par groupes et au commandement. Ils ne parlent à un supérieur qu'avec force saluts et sourires obséquieux : on ne donne que de petits pourboires et seulement au chef de chaque groupe. Tous les employés sont très polis.

Les sleepings russes sont extrêmement larges et

confortables. Le wagon-restaurant est même très luxueux. Les moujiks sont bien tels que je me les figurais d'après « *La puissance des ténèbres* », jouée cet hiver à l'Odéon par Antoine.

Des bois, le passage du Niémen, Kovno, Wilna, Dunabourg. De petits lacs rappellent leur pays à nos amis de Chicago (1). Aux stations, on offre des fraises plus grosses que parfumées. — « Combien ce panier? — Vingt kopecks. » Je mets dix kopecks dans la main qui se tend et m'approprie le panier.

Je rougis de ce marchandage, mais pour peu de temps, car l'enfant est visiblement ravie de ce qu'elle considère comme une heureuse transaction.

Un de mes compagnons assez au fait des usages russes, m'avertit qu'il y a presque toujours la proportion du simple au triple entre la somme qu'on attend d'un acheteur et celle qu'on lui demande.

Le chef de train, qui est aussi gérant du wagon-buffet, explique de quelle manière les caissiers russes font leurs comptes : ils se servent d'un système de boules assez semblable au système de marques familier en France aux joueurs de billard.

(1) M. Orr, ancien élève de l'École libre des sciences politiques, et M. Linn.

Dans ce pays, on ne voit qu'uniformes et décorations, à telle enseigne que, de loin, j'avais pris le contrôleur pour quelque vieux capitaine.

Pétersbourg ! La gare d'arrivée est celle d'une bonne petite ville française ou, si l'on préfère, quelque chose d'assez analogue aux anciennes gares de la Compagnie française de l'Ouest. Le consul a eu l'amabilité de venir à notre rencontre ; il nous embarque pour l'hôtel de France, où nous nous trouvons à merveille.

Le soir, rendez-vous à l'Aquarium, qui est le type du parfait café-concert ; nous y assistons à une scène qui est peu banale. Une actrice française, assez en faveur dans un certain clan pétersbourgeois, se faisait applaudir dans son répertoire de chansons, lorsque soudain des valets, se suivant de minute en minute, entrent tout courant dans le fond de la salle et apportent à la favorite, jusque sur la scène, d'immenses gerbes de fleurs.

23 juillet

Pétersbourg ressemble à Rome : de grandes places, de multiples palais, l'absence de pierres de taille, des dalles bien carrées comme trottoirs, des églises en très grand nombre et souvent agrémentées, comme Notre-Dame de Kazan, d'un grand portique, de pilastres, colonnes et chapiteaux. Par ailleurs, les canaux, la Néva, les ponts font penser à Venise.

La couleur locale, ce qui fait de Pétersbourg une ville à part, est tout entière dans la gent isvoschtchik, en d'autres termes la corporation des cochers, plus florissante ici que dans n'importe quelle autre ville de l'Empire. Avec son tout petit chapeau, sa robe bleu de Prusse, sa ceinture où le rouge prédomine, sa barbe sale et l'extravagant périmètre de son ventre, le cocher constitue certainement aux yeux de l'étranger l'élément le plus curieux de la population de la capitale. Les voitures publiques, au contraire, sont loin d'être admirables : l'élégance, la propreté sont absentes très souvent ; tout de même le confort.

Très nombreux l'élément militaire ; il semble avoir beaucoup de ressemblance avec celui de l'Allemagne. Quantité d'officiers sont couverts de décorations, et on se demande comment ils ont pu faire pour en gagner un si grand nombre. La plupart des hommes, militaires ou civils, portent la barbe. Très peu de cheveux noirs, sauf chez les Tartares ; les Russes même sont châtain clair, la coiffure diffère suivant la situation sociale : popes, isvostchiks, moujiks. Ceux-ci portent la blouse rouge avec ceinture de cuir, pantalon sombre et bottes. Ils paraissent, comme le soldat russe, bons et ignorants, religieux et dévots, très endurants à la fatigue.

Ici, rien peut-être n'est disproportionné, mais tout est grand ; le Palais d'hiver lui-même, quoique laid, ne choque pas à proprement parler. Il est remarquable que, moyennant passe-port, autorisation et le reste, on peut tout visiter, y compris le cabinet de travail de l'empereur, voire même sa chambre à coucher. Le Palais d'hiver est d'ailleurs aussi quelconque que possible, seule paraît digne d'intérêt la salle du trône où s'est passée la scène historique de l'ouverture de la première Douma.

Une anecdote : Dans la sacristie de la chapelle du château, le cicérone nous donnait, en un dialecte inconnu, des explications interminables. L'impatience allait nous gagner, lorsque l'un de nous s'avisa que le speech était bel et bien fait en français. Le laquais imbécile, ignorant tout de notre langue et peu soucieux d'une prononciation intelligible, n'avait-il pas imaginé d'apprendre par cœur la traduction française de son boniment !

En nous rendant du monastère Saint-Alexandre Newsky au palais de Tauride, nous avons vu toutes sortes de longues bâtisses de quatre mètres de haut — probablement des magasins militaires — couleur jaune et effritées, car le sol est très humide. Les rues, presque partout assez larges, sont en règle générale pavées de galets pointus et par exception de bois de sapin. Point de cars électriques, mais de simples trams à quatre chevaux de front.

Promenade à l'Ermitage ; on n'y peut entrer qu'en justifiant de sa qualité d'étranger. Je me rends de suite à la galerie de peinture, à la recherche des Cranach le Vieux et du saint Georges de Raphaël ; mais c'est surtout des Poussin, des Rembrandt, du Portrait d'homme de Moro, du triptyque de Lucas de Leyde qu'on se souvient avec émotion. La Madone Litta de Léonard de Vinci, la Course au chat de Wouverman, le Corps de garde de Teniers, les Arquebusiers d'Anvers du même, le comte Vorontsov de Romney et les petites compositions de Potter ravissent les moins sensibles. Bref, un bon nombre de chefs-d'œuvre, qui ne permettent pas cependant de mettre ce musée en parallèle avec les galeries de Londres ou d'Amsterdam, de Munich ou de Paris, d'Anvers ou de Florence.

A Saint-Isaac, j'assiste à un office que chantent tout un chœur de jeunes garçons et d'hommes en habits bleus ; aux cérémonies prennent part quatre ou cinq popes aux cheveux longs, leurs ornements sont d'un luxe insensé.

Tout d'ailleurs, dans cette cathédrale, accuse de

la prodigalité, une prodigalité insolente. Si, du moins, on pouvait affirmer qu'à défaut de fidèles, cette église contient quelques chefs-d'œuvre ! Admirons pourtant les portiques : seize colonnes monolithes énormes en granit rouge de Finlande.

A la forteresse Pierre-et-Paul se trouvent, dit-on, des tombes toutes prêtes pour ceux qu'on « veut faire disparaître ». Ce sont des cachots en sous-sol, très humides par conséquent, puisque la citadelle se trouve sur une petite île au milieu de la Néva. S'il y a des tombeaux à l'usage des vivants, il y en a aussi à l'usage des morts. Et ces morts sont quelques-uns des plus illustres membres de la famille Romanov : Pierre-le-Grand, Catherine II, Alexandre II, Alexandre III. Sur le sarcophage de ce dernier, une épée enlacée d'une branche d'olivier, don du président Loubet.

Tout près de l'hôtel, sur la Newsky Prospect s'élève la cathédrale de Kazan, que précède une colonnade sur le modèle de celle de Saint-Pierre du Vatican. C'est une église toute simple, sans prétention, mais remplie d'un peuple de croyants : officiers, soldats, moujiks, femmes, enfants entrent une minute, baisent pieusement la terre, se signent cinq ou six fois au moins et s'en vont. Il est fréquent de rencontrer dans la rue des gens qui s'arrêtent devant une église, une chapelle, une simple icône, se découvrent, se courbent, se signent à trois reprises et continuent leur chemin. Je ne me lasse pas de ce spectacle de foi, si nouveau pour nous, Français. Faut-il s'étonner ? Faut-il sourire ? Je serais plutôt tenté d'admirer. Car cette unité morale de tout un peuple énergique et discipliné facilite les enthousiasmes et la fraternité active et dévouée ; en d'autres termes, elle maintient chez ce peuple la force et la jeunesse.

Comme il est étrange et triste que la foi, la jeunesse, la force ne puissent se concilier chez un grand peuple avec l'usage prolongé de la dialectique, un effort vers la science et l'attachement à la liberté !

24 juillet

De bon matin, nous partons pour Kronstadt, où le bateau à vapeur nous mène sans arrêt aucun.

A bord, des officiers de la marine de guerre nous interrogent en français ; par la suite, ils nous communiquent leurs pensées sur l'état actuel et l'avenir de la pauvre marine russe. Ils sont, à la fois, tristes et pleins de confiance. Je ne pense pas qu'en des circonstances semblables des officiers français ou britanniques puissent s'exprimer avec plus de dignité et de patriotique émotion.

Avant d'autoriser notre débarquement, les ommes d'armes inspectent minutieusement nos asseports. La visite des chantiers est interdite ;

PÉTERHOF. — Un gardien.

ıous nous rembarquons à destination de Oranien-ıaum. Au nord, nous apercevons les côtes décou-ıées de la Finlande et les batteries flottantes qui interdisent à une escadre ennemie l'entrée de la Néva.

Du débarcadère, nous nous rendons au buffet de la gare ; pour un rouble, on nous sert un déjeu-

PÉTERHOF. — Le château et le bassin de Samson.

ner copieux, fin et bien servi ; la gérante est Allemande, ce qui nous explique le bon marché du festin.

Le parc est très joli ; nous l'avons parcouru rapidement avant de partir pour Stary-Péterhof, station voisine située au milieu des bois. Un guide est là qui nous attend. C'est un agent de la sûreté attaché à la personne de l'empereur. En cette qualité, il est donc venu en France plusieurs fois et nous conte, à ce propos, cent anecdotes d'où la saveur est loin d'être absente.

Peterhof est un beau château, pas trop grand ; il s'y trouve deux salles chinoises, une pièce toute blanche très jolie, suivie de la grande salle des banquets officiels. La vue, sur le jardin comme sur la fontaine de Samson, est charmante. Le parc anglais, trop arrangé, ne plaît pas autant que celui d'Oranienbaum, mais il s'y trouve mille attraits divers, notamment des bancs et des arbres d'où, par la simple manœuvre d'un robinet caché et malicieux, une personne avertie peut faire en sorte que l'eau jaillisse. Sans jugement téméraire, on peut croire que ces arbres et ces bancs sont coupables de mille vilains tours.

La maison de Pierre-le-Grand, bien comprise, bien meublée, est un idéal de villa. Il n'y a guère qu'à Nimègue ou à Arnhem qu'on en rencontre d'aussi séduisantes.

Près du port de la cour et de la villa Monplaisir, une terrasse où l'on se repose volontiers ; la vue sur la mer est pittoresque : à l'ouest, Cronstadt ; au loin à l'est, le dôme de Saint-Isaac, et, plus près, le yacht de l'empereur toujours sous pression. Il est à une distance d'environ une demi-verste vis-à-vis de la villa impériale favorite, qui n'est, à vrai dire, qu'un simple pavillon d'où le czar peut chaque matin faire commodément ses ablutions dans la mer.

PÉTERHOF. — La fontaine de Samson et la mer.
(Vue prise du château.)

La gare de Novy-Peterhof est superbe ; nous y sommes accompagnés par le « chancelier des commandements du commandant des palais impériaux ». Cet excellent homme a rang de général de division ; sous sa conduite et dans la compagnie de sa jeune femme, nous avons pu visiter, dans le parc Alexandrine, une île petite, et, dans cette île, une maison digne, malgré ce ciel du nord, d'être comparée aux plus belles demeures de Pompéi.

26 juillet

Invité, avec Georges-Francis Planté, à passer quelques heures en Finlande chez la mère de mon ami Chapchal, nous quittons de bonne heure Pétersbourg.

Les wagons de seconde classe sont construits d'après les modèles allemands les plus nouveaux. Je ne sais pas en Europe de trains, non rapides, pourvus de voitures aussi confortables. A partir de la station-frontière, l'écriture russe laisse place à l'écriture latine.

La plage de Terijoki est immense, la grâce de ses contours n'égale pas celle de maintes plages françaises ; telle quelle, cependant, elle est séduisante par beau soleil. A l'horizon, Cronstadt ; à droite, à gauche, en arrière, des bois.

Non seulement le temps nous manque pour une excursion vers Helsingfors, Viborg ou Imatra, mais nous devons sans retard nous arracher au charme du foyer qui nous a si cordialement accueilli.

Nous refaisons avec plaisir le chemin de Terijoki à Saint-Pétersbourg.

Pour traverser la capitale, notre cocher suit un moment le quai Voskressenskaia, où se trouve une grande usine et, en face, d'immenses chalands; pas un seul n'était automobile.

MOSCOU ET NIJNI

---

27 juillet

Moscou. — Encore qu'il fasse chaud et que nous nous ressentions de la fatigue de la nuit passée en chemin de fer, nous nous rendons à pied à la galerie Tretiakov ; nous sommes assez heureux pour n'être point déçus ; quelques toiles sont remarquables, entre autres des marines, un Kondratenko (*Village dans la nuit*) et deux ou trois Nerchtchaghine (*Intérieur d'une maison arabe, Turcomans en contemplation d'un massacre, Le triomphe de la guerre*).

Je suis frappé par la dureté de regard de quelques-uns des personnages. On dirait qu'ils appartiennent, quelle que soit leur époque, à la sauvagerie autant ou plus qu'à la civilisation.

Le petit pont Kamenny est tout proche de la galerie. Nous y prenons le bateau à vapeur qui nous conduit au pied du mont des Moineaux. Par un escalier sans fin on arrive jusqu'à la terrasse.

[illegible] — Le Kremlin. (Vue prise d'un pont sur la Moskowa.)

La vue est superbe. Au premier plan, le coude très arrondi de la rivière, des champs, des vergers. Puis le couvent des Vierges, qui est entouré sur ses quatre faces d'un mur assez élevé; aux angles, des tours gracieuses, quoique fortes; les

Moscou. — Le Kremlin. *(Vu d'un autre angle.)*

toits sont rouge brun, couleur assez fréquente en ce pays; le dôme central de l'église est doré; avec goût, on s'est abstenu de dorer les quatre autres. Et n'étaient les deux ponts en fer où, prosaïquement, les trains passent, on pourrait dire que tout dans ce panorama s'assemble suivant des lois d'harmonie : le couvent, le Kremlin, les basiliques, les constructions les plus bizarres, et jusqu'aux bois qui forment l'horizon de part et d'autre et d'où se détachent, tout blancs, ici un hospice et là un palais. Au retour, nous nous arrêtons cinquante-cinq minutes au couvent. C'est un lieu de retraite aristocratique entre tous. On y chante fort bien. On nous fit constater aussi que les ouvrages à l'aiguille y sont fort en honneur : les travaux accomplis en ce genre sont remarquables. C'est dans cet asile que furent exilées quelques conspiratrices ; des czars, des czarines s'y réfugièrent : c'étaient les temps héroïques et lointains.

28 juillet

Le Slaviansky Bazar, où nous sommes descendus, est un hôtel très digne de sa vieille réputation. Nous le quittons de bonne heure pour nous rendre à la gare de Jaroslav.

Malgré l'impossibilité pratique de connaître l'heure exacte des différentes gares (1), personne

(1) Ce qui tient à deux causes : Moscou se trouve dans une situation géographique particulière et par conséquent l'heure n'est pas la même pour les gares de l'Est et de l'Ouest. Mais cet obstacle ne serait que léger si les pendules russes, et surtout celles de la classe riche, n'avaient trop généralement l'habitude d'accuser un retard considérable : les théâtres sont presque vides avant dix heures et une personne invitée à dîner à sept heures un quart n'arrive pas avant huit heures sonnées.

ne manque au rendez-vous. Notre but est Serghievo.

Au buffet de la gare de ce village, nous nous commandons un menu qui sera composé de zakouski (prix : deux roubles) et d'un filet (0 r. 65). Après quelques minutes seulement, ce que nous avons demandé nous est servi, le tout excellent et accompagné de légumes, de thé et d'un nombre très considérable d'eaux-de-vie diverses. C'est bien la première fois de ma vie que je prends du jambon au curaçao, du veau à la vodka, et ainsi de suite. Mais c'est la mode russe. Le service est soigné ; la population paraît aimable et douce.

Moyennant 25 kopecks, nous arrivons à obtenir de quelques cochers qu'ils nous conduisent au célèbre couvent de la Troïtsa. Cette laure se trouve dans une situation assez forte et l'on comprend facilement que les Polonais aient eu tant de peine à s'en emparer. Sur la place, beaucoup de boutiques. On entre au couvent, et de suite nous sommes arrêtés par un moine qui va nous servir de guide. Le rôle d'interprète m'a bien fatigué ce jour-là, car la promenade fut assez longue. En l'absence du supérieur on ne nous permit pas de voir le trésor, riche, dit-on, de 650 millions de roubles ! Mais la cathédrale, le réfectoire, la chapelle, la chambre même du moine nous sont montrés avec complaisance. Rien n'est beau, mais cet assemblage vivant est curieux. La vie monacale, comprise comme elle l'est ici, n'a rien

Du jambon au curaçao !

de séduisant pour les raffinés du siècle. La nourriture n'est donnée qu'une fois le jour ; elle est d'ailleurs abondante, mais si mal présentée et de

SERGHIEVO. — Vue prise à l'intérieur du couvent.

qualité tellement inférieure qu'aucune association française de bienfaisance n'oserait en offrir de semblable à ceux dont elle essaie de diminuer la misère.

Markoff, le jeune moine qui s'intéresse à nous, insiste pour que nous prenions le temps d'aller à un établissement voisin nommé Gethsémani; comme il accepte de nous accompagner, nous nous mettons en route sans plus de retard.

De loin, le couvent apparaît comme quelque chose de mort : toits rouge brun, vert très clair et doré ; mais le tout d'un ton éteint. Nous traversons des bois ravissants et une rivière. A Gethsémani, nous assistons d'abord à un office. Notre moine va baiser la main et la bouche du supérieur. Il y a un prêtre seulement dans cette communauté-ci et un autre dans la communauté de la Troïtsa ; notre compagnon, lui, n'est pas prêtre.

Les moines nous cèdent, moyennant 30 kopecks, une dizaine de petits cierges grâce auxquels nous pouvons tenter une visite des souterrains, véritables catacombes avec cellules minuscules, tombeaux dans la muraille et chapelles. Dans l'une d'elles, l'un de nos camarades se fait semoncer en français par une russe offensée de ce qu'il a, prétend-elle, fumé près d'un saint tombeau. Il y a ici des quantités de pèlerins dont la foi semble être très vive. C'est le Lourdes de la Russie.

Le moine nous mène ensuite dans le jardin où se trouve un cimetière. Puis nous visitons plusieurs chapelles, toutes en bois ; l'un de nous y remarque quelques ornements d'un travail ancien et harmo-

SERGHIEVO. — Le couvent de la Troïtsa.

nieux, des images en bois de saints à barbe, cheveux châtains et taille moyenne.

L'influence des religieux dans la contrée et sur la civilisation même de la Russie a dû être considérable. Dans un pays de sauvages, à la limite de la barbarie tartare, ils ont adouci les mœurs, canalisé les énergies.

Le train de 4 h. 25 nous ramène; Crèvecœur et moi restons à la plate-forme, en arrière. Nous admirons comme les voies sont bien construites; à droite et à gauche des bois de sapin, des rivières, de frais vallons, de jolis points de vue, quelques villas.

Les bourgeois sont endimanchés à la française; les paysans portent des fichus bien posés sur la tête.

A Moscou, dans ma chambre, je retrouve avec amusement le vrai lavabo russe ; l'eau y est amenée par la simple manœuvre d'une pédale.

De nos fenêtres, nous assistons aux ébats des hirondelles.

Le Slavianky nous sert un dîner, par ma foi, excellent. Nous l'allons digérer tranquillement en un salon particulier où l'ami Crèvecœur veut bien nous régaler d'un concerto de Beethoven.

La soirée fut très agréable. Non content d'entendre un piano, l'un de nous proposa d'aller au Bouffe. Nous y eûmes un spectacle vraiment original, jugez-en.

La scène est vaste. Au premier plan, une balançoire qu'avec beaucoup de goût l'on a fleurie et qui sert de siège à six on sept chanteuses jeunes belles. Des laquais la poussent avec rythme; et tout autour s'agitent des personnages à la fois chanteurs et acteurs. Bien en vue, en deçà de la scène, le chef d'orchestre; il porte un chapeau lourd, un haut-de-forme, et cela nous paraît singulier. De la mise en scène, nous avons gardé le souvenir comme d'une tentative nouvelle, parfaitement originale et harmonieuse.

Tout de même, il semble que les Russes que nous voyons ici ne sont pas assez gais; nous hélons des fiacres pneumatiques. Ils nous mènent au Jach, hors de la ville. C'est un établissement où, paraît-il, l'on dépense des sommes folles. Point de chœurs, ni d'acrobates; tout au plus un jongleur, d'ailleurs merveilleux. Presque tous les numéros du programme annoncent des chanteuses ; les Françaises sont médiocres, les petites Russiennes excellentes; entre les unes et les autres il y a toute la différence qui sépare un café-concert de troisième ordre d'un cercle de bons chanteurs populaires dont les costumes sont aussi beaux et vrais que la voix.

Le restaurant lui-même est cher : 11 roubles une bouteille de champagne; mais c'est le prix partout à Moscou. On dépense l'argent sans compter. L'assistance est très nombreuse et assez aristocratique, m'a-t-il paru; parmi les officiers de toutes armes et de tous grades se distinguent les cosaques, vrais colosses.

29 juillet

La maison des boyards Romanoff est petite et bien comprise, mais les portes sont vraiment trop minuscules. C'est une exagération. On manque d'air. Ces grands seigneurs ou les hommes à leurs gages étaient par ailleurs des hommes de goût, car il y a des boiseries vraiment superbes. Les domestiques logeaient au premier, près de la cuisine; les maîtres au second, près de la chapelle. La nouvelle tendance parisienne de considérer le second étage comme plus select que le premier est donc tout simplement un retour à une mode du XVIe siècle.

C'est à 150 ou 200 mètres de là qu'on peut visiter le monument le plus curieux et le plus original que vous puissiez concevoir : la cathédrale de Saint-Bazile. Au premier étage, un chemin de ronde comme il peut y en avoir à Blois, à Châteaudun. Et puis des quantités de chapelles bien russes ou byzantines et toutes plus jolies les unes que les autres. A l'extérieur, la fantaisie de l'artiste s'est donnée une plus libre carrière encore. Il y a entre chacun des dômes ou des toits la plus extraordinaire diversité de style, d'élévation et de couleur ; cependant il faut convenir que l'ensemble est une merveille d'harmonie. C'est, tout en face, sur la place Krasnaïa que, moscovite, je

Moscou. — La maison des boyards Romanoff.

voudrais demeurer ; ou alors de l'autre côté de l'eau, face au Kremlin.

C'est charmant, ce Kremlin et son enceinte crénelée, avec des tours de place en place, comme sans doute la muraille de Chine. Elles sont surmontées de séries de toits verts, mais de forme très différente des toits hindous ou chinois. Au milieu de cette forteresse, des places, des palais, des monuments.

Il y a surtout des églises, une dizaine au moins. L'une d'entre elles mérite très spécialement de vous être signalée : c'est la cathédrale Ouspensky.

Moscou. — Le Kremlin. *(Vue prise à l'intérieur.)*

On y sacre les czars. C'est une église du XVe siècle qui n'est pas sans avoir une ressemblance lointaine avec la cathédrale de Venise. Par malheur les belles mosaïques sont remplacées ici par des peintures médiocres, mais l'or patiné des murailles témoigne fort à propos de l'heureux effet du temps. Devant l'image de la Vierge, dite de Saint-Luc ou de Vladimir, de pauvres gens sont en prière. A trois mètres de là, dans le sanctuaire où nous pénétrons un moment, on ne voit que pierres et métaux précieux. Je ne sais ce qu'il convient de penser de ce contraste, mais j'en souffre.

Le musée des armures est une collection de pièces de porcelaine ou orfèvrerie, et autres objets de valeur. On y trouve aussi des drapeaux et des carrosses généralement anciens. Tout cela est plein d'intérêt. A Pétersbourg, au musée des voitures impériales, j'avais surtout admiré... des tapisseries d'Arras du XVIe siècle et des Gobelins ; et peut-être était-ce injuste, car les voitures méritaient mieux qu'un coup d'œil distrait. Il y en avait pour tous les âges et de tous les règnes ; depuis le carrosse d'Élisabeth, aux peintures de Boucher et de Watteau, jusqu'à la voiture où Alexandre II trouva une fin tragique.

Mardi 30 juillet

Visité le palais des czars au Kremlin. Les proportions sont considérables. La salle Saint-Georges, la salle du trône, les escaliers ont grand air. Le luxe y est intense, mais discret et ravissant. Point de tableaux, sauf celui du Czar Alexandre III avec les paysans. Aux points de vue décoratif et architectural ce palais est vraiment un chef-d'œuvre.

Hier, nous étions sortis du Kremlin au nord-est, par la tour Spaskïïa, qu'il n'est pas permis de traverser autrement que nu-tête car, au-dessus de la porte du côté de la ville, se trouve une image du Christ, considérée comme le palladium du

La basilique Saint-Sauveur, à Moscou.

Kremlin. Nous prenons aujourd'hui la porte du S.-O., nous nous rendons au « Saint-Sauveur ».

Cette église est une des plus belles que j'ai jamais vues. L'harmonie est parfaite ; pas d'excès dans l'étalage de la richesse, pas de couleurs voyantes, pas de clochetons multiples ; mais seulement une croix grecque avec cinq dômes, dorés d'un côté, peints de l'autre, avec beaucoup de lumière. Marbre, or, porphyre, tout se trouve uni à souhait.

Après un rapide passage devant l'université et les musées Alexandre III et Roumiantsow, j'admire le très vaste manège de la ville. Un peu plus loin, nous avons à noter la dévotion des habitants pour N.-D. de la chapelle Ibérienne; à toute heure du jour cette chapelle est bondée.

A dix heures, départ de Moscou. Ça n'a pas été tout seul. Le major (1) s'était contenté de prendre des billets; le consul nous fit observer que nous avions ainsi acheté le droit au transport, mais non pas le droit au transport à date fixe. Le droit pour le jour même (platz-carte) suppose, en effet, le paiement d'un supplément de trois roubles par personne. Nous fûmes quelques moments découragés à l'idée d'avoir à lutter une fois encore contre la force de routine et de passivité des administrations. Nous nous décidâmes à prendre le parti toujours indiqué en Russie en pareil cas : faire appel à quelque personne influente. On pria la Compagnie des wagons-lits d'intervenir. Elle le fit de la

(1) Nous surnommions ainsi le moins jeune d'entre nous. En cette qualité, il avait bien voulu assumer, dès l'origine, le soin de régler les dépenses communes au groupe.

meilleure grâce du monde. Trois compartiments furent retenus. Cependant il fallut les prendre d'assaut. Dans cette bataille (où nous fûmes singulièrement aidés par les moujiks à notre solde, les cochers du Bazar slave entre autres), le major eut son porte-monnaie enlevé avec une dextérité incroyable. La disparition fut tôt remarquée, mais la bataille était alors dans son plein et lorsque nous fûmes enfin bien assurés de nous trouver chacun titulaire d'une couchette, alors seulement nous pûmes songer au voleur. Il était loin. Quelques instants plus tard, nous trouvions au lavabo une quantité de portefeuilles et tirelires vides, et des lettres. Il s'agissait donc d'une bande organisée ; quant à la police, elle brillait par son absence. Au reste, nous aurions dû le prévoir, car voici le fait qu'une personnalité bien informée nous avait raconté l'avant-veille. Une ambassadrice française à Saint-Pétersbourg était venue à Moscou et, malgré les avertissements, avait tenu à se rendre avec sa fille sur une place de foire ou de marché à l'heure même du jour où l'affluence était le plus considérable. Qu'arrive-t-il ? Que le collier en or que portait la jeune fille fut volé. La grande dame alla chez le consul qui se plaignit au maître de police. « Si, dans deux heures, le collier n'est pas retrouvé, l'ambassadeur saura ce qu'il lui reste à faire. » Deux heures après, la police rapportait le collier. Ce qui prouve clairement, ce dont, à vrai dire, on se doutait bien un peu, que les vols sont commis par la police elle-même ou du moins avec sa complicité.

Mercredi 31 juillet

Arrêt vers sept heures à une gare sans importance; des petites filles vendent de l'eau et du

Gare sur la ligne Moscou-Nijni. — Une vendeuse d'eau et de savon.

savon. Une heure après nous sommes à Nijni. « Bon buffet », annonce Baedeker; il n'est pas difficile! J'ai rarement vu un restaurant plus mal tenu.

L'excellent auteur devrait bien, à l'improviste,

retourner jusqu'au bord de l'Oka : il conviendrait, bien vite, que pour une fois il s'est trompé.

La foire, dite de Nijni, vient justement de commencer. Ses locaux se trouvent au nord de la gare, au sud du Volga, à l'ouest de l'Oka, un des affluents notables du grand fleuve.

NIJNI-NOVGOROD. — La Galerie-bazar.

L'embouchure de la rivière est très large et encombrée de bateaux ; l'activité qui règne sur les quais est celle d'un grand port. Les galeries de Nijni sont une réunion d'hommes et de femmes venant de toutes les parties de l'Empire pour commercer. Au bazar même, rien d'original ;

pourtant nous avons ri de bon cœur lorsqu'un marchand de soieries orientales, quelque débitant d'Astrakan sans doute, nous avise, nous retient, et, son déballage terminé, prononce péniblement, mais du ton le plus comique, les deux seuls mots français qu'il connaisse : « regardez, achetez ».

Toute une partie de la foire était encore endormie; nous avons trouvé la ville chinoise peu active, le quartier tartare également; mais les demi-Chinois et les Tartares sont très nombreux. Les Persans se reconnaissent aisément à leur longue lévite noire et leur bonnet d'astrakan; j'en vois de très affairés dans les magasins de pelletiers.

Sur le bord même du Volga, d'immenses amas de marchandises. Près de l'embarcadère de la Compagnie Ivan Stoboulof, on vend à des dockers ainsi qu'à de malheureux moujiks d'affreux restes de poissons et de pain.

Déjà, à Moscou, j'avais été en contact avec la misère; la curiosité m'avait pris d'aller à la recherche de restaurants ouvriers et il m'avait fallu constater que le vice y était compagnon de la saleté : on s'apercevait trop que le vodka n'est point, comme en Finlande, interdit, et que la révolte était toute prête à germer contre les riches assez aveugles et assez coupables pour ne pas venir en aide aux déshérités. A Nijni, au contraire, j'ai vu le pauvre et sobre Tatare, pliant sous le poids énorme qu'il transporte, acceptant,

Bateaux de melons à Nijni-Novgorod.

sans mot dire, le plus maigre salaire et s'en retournant épuisé, triste, résigné. Dans bien des années, lorsque me reviendra le souvenir de cette vision qu'il ne dépend pas de moi, hélas! de

Nijni-Novgorod. (*Vue prise du Kremlin.*)

modifier, je ressentirai encore une profonde émotion.

La ville même de Nijni occupe une situation merveilleuse sur une montagne, à l'est. On y accède par un funiculaire ; les rues sont propres et larges ; il y a un tram électrique, de beaux magasins ; un musée d'art. Tout à fait au nord, le Kremlin, ses tours et ses vieux murs ; et, tout auprès, comme protégées par eux, des églises, et sur l'une d'entre elles, à l'extérieur, un cordon de belles faïences vertes. Du jardin Alexandre, la vue s'étend, magnifique, sur le fleuve. C'est Nimègue avec, en plus, l'attrait du mystère, car il y a bien un fond d'inconnu dans l'histoire et dans le présent des régions que là-bas, bien loin au nord du Volga, l'œil ou l'imagination divine.

A noter encore l'existence à Nijni, comme dans d'autres villes russes, assure-t-on, d'une « tour de feu », avec une garde de pompiers en casque.

Nous allons à bord du bateau pour Kazan. Les cabines sont médiocres, les draps manquent. La cuisine, elle, est assez bonne, très bonne même ; en particulier la crème dans la soupe est une addition heureuse aux petits pains au riz, à la tranche de bœuf, aux épices. Le soir tombe. Je monte jusqu'au pont supérieur et me sauve à l'arrière de manière à être bien seul. Tout près sur la gauche de hautes falaises derrière lesquelles on devine le steppe infini ; à droite, des îlots de sable et, plus loin, beaucoup plus loin, la rive, des marécages, des bois. D'heure en heure, une station ; un voyageur descend, un autre monte. Puis le bateau continue sa route, doucement. Des minutes propices au rêve passent, le soir est tombé tout à fait. Pas un bruit. Le fleuve a des reflets d'argent.

KAZAN ET SAMARA

1er Août

Tôt, le froid m'éveille, car, bien entendu, j'ai dormi au grand air, roulé dans ce même plaid d'Écosse qui m'a servi jadis sur un autre bateau russe, entre Port-Saïd et Jaffa.

Sans cesse, nous croisons d'autres bateaux ; le Volga est, en effet, la seule voie de transport direct entre Nijni-Novgorod et la Caspienne. Les trains de bois abondent également ; des mois entiers leur sont nécessaires pour descendre le fleuve jusqu'à son embouchure. C'est pourquoi les radeaux portent de véritables petites maisons pour les familles des pilotes. L'habileté de ces mariniers est notoire ; ceux qui connaissent Prague, en Bohême, peuvent s'en faire une idée très juste.

Vers six heures, arrêt à Kosmodemiansk. C'est tout une petite ville. Par le beau soleil qu'il fait maintenant, elle paraît une oasis délicieuse.

Très peu après midi, arrivée à Kazan ou plus

exactement au port, lequel est relié à la ville par une interminable chaussée. Au débarcadère se tient un marché. Il suffit de s'y promener un moment pour se douter que Kazan est, à la lettre, une cité orientale. Ce ne sont que gens peu vêtus

Train de bois sur le fleuve Volga.

et vendeurs de pastèques. Les Tatares, dont c'est l'ancienne capitale, sont restés en grand nombre. La plupart sont musulmans. Ils vivent dans une partie de la ville nettement séparée du quartier russe.

Les petites filles sont jolies ; les femmes demi-voilées portent leur cache-tête tout autrement qu'on ne fait à Moscou ; jupon et camisole sont couleur sur couleur, ce qui est du meilleur effet.

Il ne semble pas que vaincus et conquérants vivent dans la meilleure intelligence. Pour affirmer leur domination, sinon leur supériorité, les Russes n'ont rien trouvé de mieux que de bâtir cinquante-sept églises.

Ce qui est plus coupable, ils ont conservé, bien

KAZAN. — Vue générale.

en vue, le monument de la prise de Kazan ou « Pyramide des crânes », avec cette inscription : « En souvenir de la victoire remportée sur les Tatares en 1552 ». Ne pensez-vous pas qu'après trois siècles et demi le temps soit venu de faire disparaître ce témoignage odieux de la conquête ?

Cette idée semblera très naturelle chez un Français, d'autant que les Tatares sont bien un

KAZAN. — Une chapelle.

peu, dit-on, cousins de nos compatriotes auvergnats et bretons. Au physique, ils sont petits et bruns, les pommettes un peu saillantes; voici pour le moral : moins spéculateurs qu'économes, sobres et courageux. On pourrait peut-être leur reprocher une intelligence un peu lente et un laisser-aller difficilement compatible avec le souci du progrès.

Lorsque, porteurs de nos valises, nous arrivons

Petite fille tatare.

à l'hôtel de France, c'est, chez la patronne, un étonnement qui touche à la stupéfaction. « Grand Dieu ! est-ce possible ? des Français peuvent donc venir jusque chez nous ? — Mais, oui, bonne dame, et quand vos esprits seront de retour, n'oubliez pas de nous donner des chambres. »

Il y a ici un théâtre des Variétés, en réalité simple café-concert. Le directeur propriétaire,

M. Salomon X, notre compagnon de bord, nous avait invité à l'aller voir ; il serait heureux, nous disait-il, de nous recevoir en ses jardins. Cependant il fallut payer l'entrée, le théâtre et même la consommation d'usage. Que dites-vous de ce procédé ?

Sauf le Kremlin et ses alentours immédiats, rien à Kazan qui mérite d'être retenu. La cathédrale Pierre et Paul est bizarre ; c'est, je pense, un monument à part dans l'histoire de l'architecture. Est-il laid ? est-il joli ? Plus on regarde, moins on peut répondre. Les mosquées sont sans valeur. L'université qui a été, il y a deux ou trois ans, le siège de troubles politiques très graves est fermée (1). Dans la Voskressenskaia exceptée toutes les maisons sont en bois et éloignées les unes des autres d'une dizaine de mètres. Sur le Kazanka et le Volga, la vue est assez étendue ; il y a aussi une « petite Suisse », bien grand nom pour un groupe assez simple d'arbustes et de jardins.

2 août

Déjà, sans doute, je vous ai dit que la Russie semblait le pays des contrastes. On dirait que la masse ne connaît de l'occident que quelques exa-

(1) Elle a été rouverte en 1907 et fermée trois semaines après par suite de nouveaux troubles.

gérations ou quelques modes. C'est ainsi qu'on vient réveiller les gens à n'importe quelle heure de la nuit pour leur remettre un télégramme sans importance. Quant aux garçons d'hôtel, ils sont, dès huit heures du matin, vêtus d'un impeccable smoking, mais ils ne savent pas leur service! La patronne de ce prétendu « Grand Hôtel » ne le sait d'ailleurs pas davantage. Ainsi, elle a... oublié ce matin d'aller faire son marché. En sorte qu'à midi sonnant, comme nous nous mettions à table, on a paru très étonné. — Que désirent ces messieurs? — Mais, manger, apparemment! — Ces messieurs ne savent donc pas? — Quoi donc? Et on nous fait part de « l'oubli » de madame. Croyez-vous que cette nouvelle nous ait autrement tourmentés? Point du tout. Nous nous sommes contentés de nous lever, payer notre dû, prendre nos casques et nos valises, et nous faire conduire jusqu'à la gare fluviale. Un bateau est à quai; nous y louons des cabines fort convenables, puis nous commandons un déjeuner; il est une heure. Nous le voudrions pour deux heures.

— L'aurons-nous?

— Peut-être, dit le maître d'hôtel.

Car, en Russie rien n'est assuré, jamais personne ne se hâte, et si quelque chose ne va pas, tant pis. A quoi bon s'émouvoir? lutter contre de telles habitudes serait vanité pure; nous commençons à comprendre la résignation et admettre la nécessité.

A bord se trouvent des Italiens. L'un d'eux, colporteur, vingt à vingt-deux ans à peine, travaille à Naples, chaque hiver, chez un fabricant de camées. Durant quatre mois de belle saison, il voyage en Russie ; il espère que la présente campagne va lui rapporter environ 10.000 lires. J'ai vu sa marchandise, elle est choisie à souhait pour plaire aux primitifs de ces contrées. Voilà pour un jeune homme sans fortune une manière intelligente de cultiver son esprit tout en gagnant sa vie, et librement.

Pour tous les voyageurs, mais surtout pour ceux des classes inférieures, le droit de passage est d'un bon marché dont nous n'avons en France aucune idée. Un aveugle est embarqué gratis ; il est pauvre, il chante et s'accompagne d'une sorte d'orgue de barbarie, les aumônes lui viennent abondantes.

Vers quatre heures et demie, le major remonte du fond : « J'ai eu un succès, dit-il, j'ai eu un succès ! » Voici ce qui s'était passé. Il s'était rendu à l'arrière, au milieu des passagers de troisième et quatrième, et cherchait à se mêler à eux, à attirer leur sympathie par des « da, da » (oui, oui) retentissants, le port d'un beau casque, des saluts cérémonieux, et surtout par la fierté avec laquelle il portait sa chemise rouge de moujik. Du coup le contrôleur le prit pour un de ces êtres réservés et patients. Mais ceux-ci jugèrent trop considérable l'honneur qu'on voulait leur faire. « Non, s'écrièrent-ils, celui-là n'est pas un des nôtres ; c'est un passager de première, nous ne sommes pas dignes de dénouer le cordon de sa ceinture. » Vingt-quatre heures écoulées, le major, modeste, ne parlait déjà plus de son succès.

La nuit est tombée, il fait absolument noir ; le fleuve est presque partout ensablé, le vent souffle en tempête ; c'est à peine si on peut et si on ose parler. Que le capitaine soit médiocre marin, et certainement nous irons échouer en quelque mauvaise passe.

Mes camarades rentrent successivement et se couchent.

3 août

Vers neuf heures, nous allons trouver les lieutenants du bord et leur demandons de nous autoriser à les photographier. Ce sont des jeunes gens modestes et de très bonne compagnie. Ils regrettent d'ignorer le français. Ils espèrent le savoir dans un an ou deux lorsque nous reviendrons ici ?

Nous sommes entrés dans « la courbe de Samara ». Sur notre droite, les monts Jegoulevskiia, boisés et de formes inattendues. Sont-ils bien visités ? C'est peu probable. Toute la région appartient à un seul propriétaire : le comte Orlov.

Du fleuve, la vue est pittoresque, certainement ; c'est une sorte de réplique, d'ailleurs infiniment moins nuancée, de la rive nord-est du Loch Lhomond en Écosse.

11 heures. — Samara ! nous débarquons, et en voiture pour la gare !

Nous traversons toute la ville de l'ouest à l'est. Notre présence et celle de nos casques surtout intriguent la population. On nous interroge sur leur provenance et leur prix. Le major ne manque jamais de saluer cérémonieusement les Gardavoï (agents de police, en uniforme), salut auquel ils ne manquent jamais de répondre avec beaucoup de politesse. Hier, à Kazan, nous vîmes une scène touchante : un ivrogne allait tomber sur la voie, un gardavoï le retint et le fit asseoir sur un siège qu'il réquisitionnait ; puis, allant quérir le chapeau resté dans la poussière, il le brosse de son mieux et le remet gentiment sur la tête de l'ivrogne.

On a souvent signalé la coexistence, dans l'âme russe, de la douceur et de la sauvagerie. Ce dualisme existe vraiment et je me l'explique à merveille aujourd'hui. Voilà des gens naturellement portés à faire le bien et qui sont constamment les agents involontaires ou les témoins d'injustices et d'abus. Les Russes sont un peuple jeune, ils sont capables de s'indigner. Ils se taisent sans doute, car la bureaucratie et la police sont omnipotentes. Tout est défendu, voilà le principe; si quelque chose est permis, c'est par faveur. Qui ne comprendrait et n'approuverait la révolte

SAMARA. — Costumes russes.

intérieure d'une âme élevée en présence d'un tel despotisme?

Et comment s'étonner que ces justes indignations se soient manifestées au seul moment possible : celui où le gouvernement était embarrassé par les conséquences d'une injuste conquête de la Mandchourie et de la Corée?

J'ai toujours eu le sentiment et je vois clairement aujourd'hui que les Français connaissent mal la Russie. Ils la jugent d'après leurs journaux, c'est fort mal fait. Nos gazettes, ou bien sont incolores, ou bien développent avec passion les télégrammes tendancieux des agences. En dehors de quelques grandes revues et de deux ou trois feuilles comme les *Débats*, où donc peut-on trouver un aperçu clair, précis et calme de ce qui se passe à l'étranger (1) ?

La vérité c'est que, exception faite des ouvriers marxistes de Pétersbourg et de Moscou, et des adhérents de l'Union des Unions, les Russes n'ont ni voulu ni tenté une révolution, d'ailleurs impossible vu l'état actuel de la mentalité du soldat : ils se sont bornés à indiquer au pouvoir, d'une manière violente mais conforme aux traditions du pays, que le temps des réformes semblait enfin venu. Et il est probable que l'élection d'un si bon nombre de députés de gauche aux deux premières Douma n'a pas eu d'autre signification.

Il ne convient pas, sans doute, de prétendre

(1) Pour combler cette lacune, quelques jeunes gens ont eu l'idée fort opportune d'organiser des conférences sur « les questions actuelles de politique étrangère en Europe ». Ces conférences ont été données en mars et avril, à Paris (au grand ampithéâtre de l'Ecole libre des Sciences politiques), et publiées, il y a quelques semaines, chez Alcan.

L'une d'entre elles avait précisément « la question russe » pour objet. — (Note du 1er décembre 1907.)

apporter des solutions simplistes aux questions les plus complexes. Pourtant, il me semble qu'au résumé et dans l'ensemble, il y avait, il y a encore en Russie une aspiration plus ou moins confuse mais générale vers un régime plus favorable à l'exercice de la liberté sous ses formes multiples; surtout, il y eut un effort pour se soustraire à la tyrannie des « bureaucrates ».

Pour moi, cette tyrannie est un mal immense. Et, tout en même temps, je ne m'explique pas qu'elle puisse être pour certains hommes un besoin et un plaisir. Comment peut-on être assez aveugle pour mettre volontairement obstacle à la réalisation de la justice dans le monde? Le coupable, ou ses ayant cause, ou son pays, ne finissent-ils pas toujours par expier ? C'est un jeu de dupe. Et voilà pourtant ce que de grands seigneurs anglais ont fait jadis en refusant de restituer au paysan irlandais les terres qu'ils lui avaient volées. Depuis quelques années, il est vrai, des Land Commissions exproprient et restituent. C'est bien. Mais l'injustice a duré très longtemps et ainsi des générations d'Irlandais ont été élevées dans la haine de l'Anglais : source de faiblesse pour le Royaume-Uni (1).

---

(1) L'expression paraîtra peut-être trop énergique. Mettons, si l'on veut, que le seigneur anglais s'est attribué la terre irlandaise sans l'assentiment du légitime propriétaire.

En Russie, la question agraire se pose dans les mêmes termes. Parmi les auteurs des possesseurs actuels des terres russes, quelques-uns ont volé ; le moujik demande avec force et bon droit la restitution. Pourquoi tergiverser ? Pourquoi ne pas rendre justice dès maintenant ? Comment ne pas voir que le courant libéral d'aujourd'hui sera demain, si l'on n'y prend garde, un courant socialiste et qu'à refuser, même provisoirement, ce qu'il est urgent d'accorder, on risque de travailler à la simple subtitution d'un fanatisme de gauche à un absolutisme de droite ?

« Le bien d'autrui ne nous est jamais nécessaire. Ce qui nous est véritablement nécessaire, c'est d'observer une exacte justice... » Ainsi parle Fénelon. Il dit encore : « Quand les souverains s'accoutument à ne connaître d'autres lois que leurs volontés absolues, ils rasent les fondements de leur puissance... ; la sûreté des empires dépend du bonheur des sujets » (1).

Mais comment écouteraient-ils les doléances de leurs sujets, les princes qui, contre tout droit, ont confisqué les provinces de Pologne et refusent de leur rendre l'indépendance relative qu'après cent ans et plus, et d'une voix unanime, les opprimés réclament. C'est un crime permanent, honteux,

---

(1) Cf. *Œuvres complètes de Fénelon*, t. XXII, in-4, Paris, 1851, Lettre à Louis XIV. — Et. t. VII.

nuisible à la force de la nation, et, par surcroît, inutile, puisque le jour viendra où justice sera faite, comme il est arrivé avant-hier pour la Grèce et les pays balkaniques et hier même, au moins partiellement, pour le Transvaal et l'Irlande.

A cet égard, les souverains de l'ancienne France ont souvent donné de grands exemples (1). A maintes reprises, ils ont sacrifié l'intérêt national c'est-à-dire, en réalité, leur intérêt propre au souci magnifique de tâcher à éviter quelque injustice. Cette attitude a donné à notre France un renom dont aujourd'hui encore elle tire des profits; et des profits certes bien plus considérables que ne le serait la possession de quelque territoire.

On nous a vivement recommandé ce matin la visite d'un établissement de Koumiss (2) ; on nous a indiqué comme le mieux situé celui d'Annaïevo, à quatre verstes de la ville. Nous partons. Les chevaux soulèvent des nuages de poussière : nous ne sommes plus, en effet, sur les durs pavés de Nijni ou de Moscou.

La maison est vide ou à peu près. Tout de même, on veut bien nous servir de ce lait-vin aux qualités

---

(1) En ce sens : MICHELET.

En sens contraire : BOURGEOIS, *Histoire diplomatique de l'Europe*, t. I, p. 520.

(2) Le koumiss est du lait alcoolisé.

précieuses. Nous avons été unanimes à le trouver fade au début, et plus tard écœurant. Nous avons eu la surprise de rencontrer en ce lieu éloigné une jeune fille de seize ans, peut-être, parlant admirablement notre langue ; elle se disait Pétersbourgeoise, mais elle avait des allures tellement libres, un ton si enjoué, le sourire si malin et tant de grâce, que la déclaration d'origine nous a laissés sceptiques ; à tort ou à raison nous croyons avoir été les commensaux d'une Parisienne.

L'établissement est situé sur une colline élevée près du Volga. En face, la rive droite, très élevée, également ; le fleuve, toujours large et ensablé, nous séduit autant qu'à Nijni, lorsque pour la première fois nous l'avons aperçu. L'enthousiasme déborde, mais nous sentons bien que notre impression serait très différente si le soleil n'était là qui illumine et vivifie toutes choses.

Avant de pénétrer au désert, il nous a semblé convenable de nous mettre à la recherche d'un baigneur et d'un perruquier. Vous savez ce qu'est un bain russe : le serviteur savonne le client, le fait coucher à plat ventre sur le marbre, puis grimpant à pieds joints sur le dos et les reins, les masse consciencieusement ; c'est une sensation bizarre et agréable (1).

(1) Bien entendu, le bain russe populaire ne comporte pas l'assistance d'un masseur. Tout bon orthodoxe se baigne une

Nous avons été aussi très contents de notre figaro : un jeune homme polyglotte, véritable artiste dans son genre, adoptant les méthodes, maniant les instruments les plus modernes; les meilleurs confrères de Paris ou de Londres reconnaîtraient sa supériorité.

Un coup d'œil encore sur ce fleuve que peut-être nous ne verrons plus jamais et, de nouveau, nous prenons la route de la gare. Point de trams. Nous nous trouvons, ici, dans une vraie ville russe d'Asie, une cité éloignée de tout centre de civilisation et qui ne doit son extraordinaire développement qu'à la création toute récente des lignes de Samara-Tashkent et de Samara-Pékin.

Au buffet, le repas coûte un rouble; soupe à la crème, côtelettes garnies et glaces furent les éléments déclarés délicieux de ce banquet improvisé. Le renom de la bière de Samara est très flatteur; il n'est pas usurpé; le célèbre kwass (1), au contraire, est trop généralement médiocre.

Dix heures du soir : nous partons pour Orenbourg.

---

fois la semaine; à cet égard, le peuple russe, lui-même dépassé par les Écossais, les Anglais, et surtout par les Musulmans, se montre très supérieur à la masse de nos compatriotes.

(1) Sorte de cidre.

AU DÉSERT

Dimanche 4 août

C'est dans le train seulement que nous avons appris la nouvelle : une épidémie de choléra sévit depuis quelques jours sur Samara (1). Mais nous avons passé si rapidement que vous n'avez aucune inquiétude à concevoir à notre sujet.

Je ne serais pas étonné si l'épidémie prenait peu à peu un caractère violent. Sans doute, les autorités russes vont prendre des précautions, mais que faire contre l'insouciance du moujik et du Tartare ? La pauvreté de ce peuple n'a d'égale que sa résignation.

C'est un spectacle triste et instructif que celui des gares russes. D'une part, la salle d'attente, le buffet, le guichet des I[res] et IIes classes ; d'autre part, les voyageurs de IIIe. Ceux-ci sont considé-

(1) Du 16 juillet au 15 octobre, 8.299 cas ont été constatés, dont 3.995 mortels. (Journaux de Paris du 21 octobre 1907.)

rés comme quantité totalement négligeable ou à peu près. Par terre, les pauvres se couchent les uns à côté des autres ; paquets et gosses les encombrent et personne, jamais, n'intervient pour venir en aide à ces malheureux dont un bon nombre semble à la fois ignorer le russe et l'art de voyager.

Il est vrai que l'abrutissement des moujiks est sans pareil. Rudoyez-les tout à votre aise, vous serez obéi ; et jamais, jamais vous n'entendrez une plainte. Ils achètent de l'eau chaude pour le samovar, de la vodka pour eux-mêmes, marchandent le peu de choses qui leur est nécessaire, et voilà ; le temps passe ; s'il leur arrive une difficulté, ils attendent une solution de la volonté d'un plus fort ; un chef plein de courage et d'audace aurait un grand prestige sur ces frustes cerveaux, il les manierait à son gré, en tirerait pour la guerre et les tâches les plus rudes un merveilleux parti. En vérité, ces moujiks sont des orientaux. Les pires épreuves ne sauraient les ébranler. Quoiqu'il arrive de funeste, il n'importe, *nichevo !* Avec ce mot, ils iraient lentement, mais sûrement, au bout du monde.

Le train arrive à Orenbourg avec deux heures de retard. Ce n'est pas qu'il ait marché avec une lenteur excessive, mais il s'est arrêté vingt minutes à dix stations au moins. Vers 4 heures, trois voitures à cochers russes bien gros et bien gantés et à chevaux élégants et vites comme le veut la race du pays nous emmènent en promenade pour quinze roubles. Il y a, sur les bords de l'Oural, des bois que l'on étend petit à petit, à mesure que l'on construit des villas. Plusieurs sont jolies, bien abritées du vent avec une vue sur pelouse,

Un Kirghize (Environs d'Orenbourg).

tennis et jardin, elles sont habitées, dit-on, par des familles allemandes. Y passer quelques jours ne doit pas être sans agrément.

Comment, direz-vous, ces bois peuvent-ils procurer quelque fraîcheur ? C'est que la couche de sable est ici peu profonde. Le sol, bien travaillé, serait très fertile. Les terres de ce gouvernement comptent parmi les plus célèbres « terres noires », et peut-être pourrait-on faire ici, sur les terrains, d'intéressantes spéculations.

A supposer d'ailleurs que ces bois n'eussent aucune vertu active, ils auraient du moins l'avantage d'arrêter les tempêtes de sable : Orenbourg, vous le savez, est spectateur d'un océan, l'océan redoutable du désert.

L'objet principal de notre promenade est un camp de nomades kirghiz. Leur coiffure est une sorte de toque en feutre ; les costumes sont archaïques. Dans une cinquantaine de tentes non point en toile et pourvues de piquets à l'instar des tentes arabes, mais en feutre et posées toutes droites, ces gens vivent indépendants. Leur patrie est le désert et s'ils viennent s'installer à proximité d'une ville (1), c'est qu'ils ont ainsi des facilités de commerce, sans être cependant soumis à la surveillance de l'administration et de la police.

Ces gens semblent très pauvres : habits brodés, armes, juments et chameaux constituent peut-être leur seule fortune. Ils nous considèrent avec une curiosité très vive, mais dénuée de sympathie.

Deux verstes plus au sud, une sorte de forteresse carrée. Ni fossés, ni ponts-levis, mais des portes sculptées partie en pierre, partie en pisé, comme les murs de l'enceinte ; au-dessus, les

(1) A six verstes à peu près.

armes des czars. Adossés à ces murs, des magasins ; il y a aussi un restaurant où l'on nous offre un thé excellent et un koumiss détestable ; dans une pièce voisine, un officier de police, en uniforme, complètement ivre, chante à tue-tête, il

Une tente kirghize au camp d'Orenbourg.

nous aperçoit et nous félicite d'avoir eu l'aimable pensée de le venir voir !

Au centre même du fort, le bazar proprement dit, où s'échangent les produits de tous les pays d'Europe, d'Orient et d'Extrême-Orient. Les caravanes de chameaux entrent et sortent escortées par des conducteurs à cheval. L'importance de ce bazar était considérable autrefois. L'ouverture, en

1904-1905, de la ligne d'Orenbourg-Taschkent, la ligne même que nous prendrons demain, a déterminé la décadence grandissante de cet asile privilégié du troc.

Nos chevaux nous ramènent en ville à une allure folle ; au passage de l'Oural, une rivière transparente et gracieuse, nous constatons que la jeunesse des deux sexes se trouve réunie pour le bain du soir. Quelle existence heureuse et saine que celle de ces colons, ardents au travail, pauvres, ignorants du confort et de ses exigences !

Nous, au contraire, encore qu'enchantés de cette promenade, sommes bien satisfaits d'être de retour en un véritable hôtel, l'hôtel central (qui est cher) (1) ; nous y trouvons un bon dîner, de vastes chambres et des draps.

Lundi 5 août

A la gare, 10 heures du matin. — Le train arrive bondé. Heureusement, j'avais fait, le matin même, la connaissance d'un jeune homme, à la physionomie fort intelligente ; nous eûmes l'occasion de nous revoir sur le quai. Je lui dis notre infor-

(1) Exemple : dix verres de fruits au vin blanc coûtent douze roubles ; le rouble vaut 2 fr. 65.

tune. Il envoya chercher le chef de gare; lui donna un ordre bref et, trois minutes après, mes camarades s'installaient dans une voiture, obligeamment ajoutée. Nous avons beaucoup remercié cet aimable inconnu. C'était, nous l'avons su

Types de Kirghizes à Orenbourg.

depuis, un haut fonctionnaire envoyé au-devant de Sa Hautesse l'Émir de Boukara, en route pour la Crimée, où le czar sera son hôte.

Nous rencontrons, en effet, vers deux heures, le train spécial du souverain protégé. Les wagons, peints en rouge vif, et ornés, de place en place, de plaques en métal avec les armes de l'Emir, sont luxueux à en juger par le salon où notre ami vient de monter. Aux fenêtres et portières apparaissent des serviteurs boukhariotes. Ce sont de grands et beaux hommes, à barbe noire, et coiffés d'un turban blanc. Blanche aussi la robe, mais la khalate (1) est souvent vert clair.

Mardi 6 août

Midi. — Voici vingt-quatre heures que nous sommes dans le désert, et nous n'arriverons que demain soir à Tachkent! La vue commence à nous paraître monotone. Certes, il arrive que nous franchissions des collines, mais jamais la terre ni la pierre n'apparaissent. Dans les plaines, il doit y avoir de terribles ouragans, car nous voyons souvent, pendant plusieurs kilomètres, des séries de gros monticules de sable; ceux qui sont près de la voie ont subi de la part des ingénieurs russes un revêtement de tiges de bambous entrelacées; de la sorte, ces masses peuvent résister aux vents et la voie est relativement protégée. On nous affirme cependant que le train est souvent obligé de stopper douze, vingt-quatre et jusqu'à quarante-huit heures.

Plusieurs fois par jour nous avons un arrêt de trente minutes. C'est une gare, un bâtiment splen-

(1) Sorte de pardessus tombant jusqu'aux talons.

dide, aux salles immenses : une merveille d'aération. Le buffet a, naturellement, la place d'honneur. Pour un rouble, le voyageur se voit servir une soupe à la crème, un poulet toujours tendre et quelquefois du rosbif, avec une bouteille de

Vue sur la Mer d'Aral.

bière ou de kwass. On trouve aussi une cave bien fournie en bordeaux, champagne, vins du Rhin, de Kakhetie et de Crimée. Même une bouteille de Tokay me fut offerte, je m'empressai d'en faire l'acquisition : pour tous, ce fut un vrai régal.

Près des gares, une église et une douzaine de

maisons ouvrières à un étage ; un peu plus loin, des croix en bois noir indiquent des tombes.

La voie suit, et de très près, la route des caravanes presque déserte aujourd'hui.

Nous venons d'arriver au bord d'un grand lac très bleu, la mer d'Aral; pas un navire, pas même une barque. Il fait un soleil de feu. Malgré nos lunettes le mirage nous fatigue.

Nous avons aperçu au sud, au bord du Sir-Daria, un gros village turcmène. Un peu plus tard, nous avons admiré d'assez près une forteresse ruinée par les colonnes russes et abandonnée maintenant. Autant qu'on en puisse juger du chemin de fer, c'est une énorme butte en terre, haute de dix à douze mètres, longue d'au moins cent mètres sur chacune de ses faces. Cette rencontre au désert de ce qui fut un point d'appui d'une des civilisations antiques, nous a laissés songeurs.

Mercredi 7 août

Ah ! cher ami, quelle émotion j'ai ressentie ce soir !

Au sortir de trois journées et de deux nuits de chemin de fer peu rapide au travers d'un désert, sans autre vue que le sable, la mer d'Aral, des caravanes de chameaux, des nomades Kirghizes et une ancienne forteresse en terre battue, on entre tout à coup et au soleil couchant dans l'oasis où coule en abondance l'eau fraîche, où se multiplient les arbres, où chantent mille oiseaux

DANS L'OASIS DE TACHKENT. — Une araba.

du plus joli plumage : c'est une impression de délices.

La verdure, les chemins, les enclos, les rivières, tout semble nous caresser et nous sourire. Nous avons beaucoup souffert depuis deux jours ; il nous semble voir une issue à nos maux. Nous nous croyions perdus, nous voilà retrouvés ; nous étions accablés, nous voici vaillants et prêts à de nouveaux efforts.

La ville russe de Tachkent nous semble admirable ; les avenues sont larges comme le cours

Dans la ville indigène à Tachkent.

a Reine, à Paris, et cn pourrait essayer une évaluation de leur longueur si les beaux arbres dont elles sont ornées ne captivaient, avant tout, notre attention. Entre les arbres et les trottoirs, des canaux entretiennent la fraîcheur.

L'hôtel Grand Moscou nous a été recommandé. Nous y sommes donc descendus et le regrettons déjà, car notre installation est par trop primitive.

Et que dire des mœurs de nos hôtes? Comme

TACHKENT. — Un carrefour de la ville indigène.

nous demandons une bouteille de bière, on nous répond : qu'on est disposé à en acheter chez le marchand voisin mais à la condition de remettre, au préalable, la somme estimée nécessaire !

Jeudi 8 août

Près de la ville russe, très étendue, mais toute neuve et peu habitée, se trouve la ville indigène aux chemins montants et encombrés. « La rue appartient à tous », c'est ici plus qu'ailleurs que ce dicton se vérifie. Car les indigènes comme les commerçants étrangers ne se font pas faute de sortir accompagnés d'un nombre variable de chameaux à haute taille, et abominablement chargés.

Comme pour augmenter l'embarras des malheureux piétons, la voiture populaire, l' « araba », la seule qu'on rencontre dans la vieille ville, n'a pas moins de 2 m. 25 de large. Le conducteur, assis sur le dos du cheval, les pieds posés sur les brancards, dirige sa bête, mais en toute lenteur. Est-il le témoin ou l'auteur d'un encombrement ? Il garde son calme et son air de mépris pour les vaines agitations du monde.

Le bazar est le quartier des marchands ; ceux-ci fument ou comptent leurs pièces de monnaie ; ils attendent le client. Tout autour d'eux, dans une boutique de 2 mètres de front en moyenne sur

6 de profondeur, les marchandises. Très souvent il arrive que le marchand soit aussi le manufacturier des objets mis en vente ; l'art indigène se

Encore Tachkent.

retrouve surtout dans la chaudronnerie. Derrière la boutique, « le home ».

Si je voulais céder à la manie de la comparaison, je dirais que Tachkent est un autre Damas. L'une et l'autre ville se trouvent à la sortie d'un horrible désert, l'une et l'autre sont dominées, mais à quelque distance, par de belles montagnes ; l'une et l'autre enfin ont une commune caractéristique : leur bazar.

Celui de Damas pourtant m'a paru un peu gâté par les costumes européens et les uniformes turcs. Ici, du moins, nous avons la chance de ne rencontrer aucun de nos compatriotes. Et les Russes et les Arméniens ont le bon esprit de rester dans le nouveau Tachkent, la ville qu'ils se sont fait construire. Donc nous nous laissons aller tout à l'aise dans *les rues* du bazar : ce sont, vous le savez, des galeries étroites où l'on se promène à âne ou à cheval plutôt qu'en voiture. Elles sont couvertes de poutres en bois ; ainsi les respectables demeures qui couvrent notre vieux sol. La lumière pénètre, discrète ; l'absence de vent, l'abondance des ruisseaux assurent la tiédeur de l'air.

Dans cette exposition d'objets d'une forme antique mais toujours préférée, le flâneur trouve son paradis.

Vendredi 9 août

Nous partons ce soir mais nous ignorons encore si ce sera pour Kashgar. Comme vous le pensez bien, nous sommes très fatigués. Et une excursion au Turkestan chinois est une entreprise si peu commode que nous ne pouvons rencontrer ici quelqu'un qui l'ait tentée. Si nous nous décidons à cette chevauchée nous aurons à improviser un rassemblement de tout ce qui est nécessaire à une expédition : armes, chevaux, tentes, vivres, guides, interprètes.

Samedi 10 août

Une heure du matin. — Nous sommes au buffet de la gare de Tchernaievo. Dans une heure ou deux, quatre d'entre nous (1) vont partir pour Andidjan, point terminus de la voie ferrée. D'Andidjan, et dès ce soir, ils se rendront à Och, qui est un gros village, point de départ ordinaire des caravanes pour le marché de Kachgar. Nos amis prétendent gagner cette ville en huit jours. Il est douteux qu'ils réussissent. D'Och à la frontière, on compte trois cents verstes, et le sentier franchit des cols de 4.000 mètres de hauteur où règne un froid terrible. En territoire chinois, c'est pire encore : que les guides abandonnent, que les vivres se perdent ou se corrompent, que l'un des cavaliers tombe malade, nos amis ne pourront arriver au terme de leur voyage qu'au prix de

(1) Le voyage a eu lieu et sans accident notable, encore bien que l'ascension ait constitué un record de vitesse. A. Orr a pris quelques photographies merveilleuses de montagnes quasi inconnues. Et mon ami Heim est revenu tellement séduit par l'accueil des mandarins chinois que, dès juin 1908, il va prendre une fois encore la route de l'Empire Céleste, mais par la voie transsibérienne.

fatigues nouvelles, de privations et d'angoisses. De tels efforts ne sont pas sans avoir un bon côté ; j'entends bien qu'ils développent en l'homme quelque chose d'assez rare et de très beau, le caractère ; mais ils sont, par un injuste retour, générateurs de maladies. Et je m'estimerais fort à plaindre d'avoir à goûter les douceurs d'un hôpital chinois. Mais surtout je redoute pour vous une épreuve douloureuse : l'absence certaine de toute nouvelle pendant au moins deux semaines.

Donc, André (1) et moi, avons résolu de nous abstenir. Nous partons tout à l'heure pour Samarkand. L'arrivée sera pour neuf ou dix heures du matin.

9 heures du matin. — Vous ai-je écrit mercredi que de très hautes montagnes nous sont apparues au nord? Elles sont couvertes de neige. C'était, je pense, les monts Imaüs eux-mêmes, la limite prétendue du monde connu des anciens. Près de la voie, d'immenses troupeaux. L'un des bergers, mettant son cheval au galop, réussit pendant 1.800 mètres peut-être à ne pas se laisser devancer par le train. Nous partagions notre admiration entre le Kirghize et sa bête.

---

(1) André Piégu. Pendant tout ce voyage, nous avons fait chambre commune. L'entrain, le tact, le bon cœur de cet ami d'enfance m'ont fait ajouter un prix nouveau à l'affection déjà ancienne qu'il me porte et que je lui rends bien.

Nous venons d'avoir, à nouveau, ce double spectacle de montagnes et de troupeaux.

Nous traversons une chaîne, contrefort du Pamir (1). L'eau descend abondante. On ne l'utilise pas encore comme plus loin à l'est, à Kokand, par exemple, pour la culture du coton, mais les bergers profitent de cette négligence ; ils se promènent ici avec leurs chameux et leurs montures. Ceux-ci ont une laine merveilleuse et un post-derrière d'une grosseur inconnue chez leurs frères d'Europe : ce sont, au vrai, des brebis callipyges.

Ces énormes bêtes se vendent un rouble, environ deux francs cinquante ; tandis qu'un poulet est cédé avec plaisir pour vingt-cinq à trente centimes.

Voilà du moins ce que m'affirmait, à Tachkent, un brave homme à qui nous étions allés demander à dîner, vingt-quatre heures après notre arrivée.

C'était à deux ou trois verstes de la ville, auprès du torrent, large d'un kilomètre et plus (2), qui un peu plus loin se jette dans le Syr-Daria. Et tandis que le dîner champêtre se préparait, j'errai

---

(1) Les monts Alaï, ceux-là mêmes qui, depuis notre voyage (1er novembre 1907), ont été soulevés par un tremblement de terre et ont enseveli la ville boukhariote de Karatag.

(2) Le Tchirtchik.

jusqu'au bord de l'eau. Vers le nord et vers l'est, on apercevait de hautes montagnes. Leurs contours incertains fascinaient étrangement, et la pensée, ignorante des réalités qui se cachaient là-bas, y plaçait un idéal séjour de repos et de joie.

SAMARKAND

De la gare à la ville, il y a quatre verstes et demie. Le fait s'explique par l'hostilité des indigènes vis-à-vis des Russes et de la civilisation occidentale.

Les chevaux ne sont pas attelés comme sur la rive droite de l'Oural. Entre les brancards se trouve l'une des bêtes, et la seconde se trouve à gauche de la première. Cette manière d'atteler ne paraît pas très pratique. La preuve, c'est qu'à notre arrivée ici, la voiture qui précédait celle qui m'amenait de la gare à la ville heurta, justement par le fait du cheval de gauche, une voiture qui venait en sens inverse. L'une contenait deux de mes compagnons et leurs valises ; l'autre une jeune et belle Samarkandaise. Les chevaux de gauche firent l'un et l'autre une pirouette singulière dont l'effet le plus clair fut de jeter sur le sol les colis et la belle. Passe pour les colis, mais la belle n'était pas contente.

Tandis qu'à l'hôtel central nous goûtions un

déjeuner réparateur, nous fûmes salués par un visiteur frisant la cinquantaine. C'était M. Hattier.

Ainsi se nomme « le Français » de Samarkand.

SAMARKAND. — Ruine de Bibi-Khanin.

En réalité M. Hattier n'est plus Français, les intérêts de son commerce sont très importants; il a dû solliciter sa naturalisation et on a été trop heureux de la lui accorder. L'histoire de cet homme est à conter. Il y a six ans à peine, il était vigneron en Bourgogne. Le hasard fit qu'il rencontra à Paris le général Annenkoff et lui fut présenté. Le général, en quête d'hommes de valeur, conseilla chaleureusement un voyage à Samarkand : « On s'y enrichit avec une rapidité folle, il suffit d'être intelligent. » Notre compatriote, flatté, s'en fut à Dijon quérir ses économies et partit aussitôt en Asie centrale.

Il ne fut pas déçu et trouva, à cinq ou six verstes de la ville, une immense propriété jadis prospère. L'eau y venait en abondance de je ne sais quelle rivière voisine et il suffisait de planter pour récolter. Loué d'abord, puis acheté, ce bien fit la fortune de son propriétaire.

La ferme est habitée par une douzaine d'ouvriers petits russiens. Leur tâche consiste à planter et récolter le coton et la vigne ; chaque jour, à une heure déterminée, il y a lieu d'ouvrir ou de fermer les écluses permettant l'inondation de tel ou tel petit lot ; chaque lot constitue donc en quelque sorte une île. Il y a chaque année, tant en vigne qu'en coton, double récolte, dont chacune est d'un rendement triple de celle qu'on pourrait attendre de nos possessions d'Afrique.

Mais une entreprise agricole ne suffisant pas à son activité ou à son ambition, M. Hattier a fait venir chez lui un ouvrier français, M. Moreau, qui tire des raisins qu'on lui livre un vin que j'ai goûté ; il y a du muscat, du ribeauvillé, du tokay, enfin du vin tiré de plant purement indigène. Plusieurs de mes camarades ont été émerveillés, au point d'avoir immédiatement passé commande. Ce n'est pas tout. Il y a aussi une distillerie. On

SAMARKAND. — M. Hattier, sa famille, ses invités.

a créé le cognac de Samarkand. L'ouvrier principal est un Allemand, M. S...; il n'a rien à envier à l'habileté de son confrère français, M. Moreau.

M. Hattier nous retient à dîner chez lui, ou plutôt dans le jardin qui sépare sa maison de sa fabrique. La maison est d'un aspect assez simple, mais elle doit être assez grande, car M. Hattier a avec lui sa femme, ses filles, ses gendres, ses petits-enfants et même un ami, un peintre viennois, M. L... A la table de famille se trouvent aussi les deux ouvriers-chefs dont j'ai parlé. Les serviteurs sont de jeunes Sartes, au visage de bronze et aux pieds nus ; ils sont agiles et dévoués, mais ne peuvent abandonner une inclination désespérante pour la paresse et le vol. Ce seraient des vices chez nous ; mais le climat du pays et les idées ancestrales transforment ici ces vices en simples imperfections, et très excusables. Tout de même, on se garde.

La soirée se termine par un peu de musique.

Dimanche 11 août

Nous visitons le Réghistan. C'est une place de cent mètres carrés ou peut-être un peu moins. Elle est remplie de monde. Et c'est un coup d'œil intéressant que celui de cette multitude. A la porte d'une mosquée, « un mollah » ou prêtre lit le Coran et le commente d'une voix de stentor. Les auditeurs sont nombreux, la plupart très attentifs. Quant au prêtre lui-même, il ne s'occupe pas plus de nous que si nous n'existions pas.

Cette place est celle du marché. Autour d'elle

SAMARKAND. — Vue sur le Réghistan et la ville indigène.

des médressés ou écoles, vides aujourd'hui, et des mosquées. La mosquée Chir-Dar, l'une d'elles, est

SAMARKAND. — Plateforme de la Mosquée Chir-Dar.

la moins mal conservée ; la façade est toute ornée de mosaïques ; la teinte vert bleu domine. Les minarets penchés sont en harmonie avec l'ensemble. Nous escaladons d'impossibles escaliers; mais de la plate-forme supérieure, un beau spec-

SAMARKAND. — Au Chah Sindeh.

tacle nous récompense, et amplement, de notre peine.

Nous avons sous les yeux la ville Sarte et plus loin, seulement un peu plus loin, les emplacements des Samarkandes et Maracanda disparues ; c'est là qu'Alexandre-le-Grand tint sa cour ; là aussi demeurèrent et les Arabes et Gengis-Khan ; là fut la capitale de Timour-Emir, que nous appelons Tamerlan. Ce fut le centre d'un monde, ce

Samarkand. — Une médressé sur la place du Réghistan.

n'est plus qu'une nécropole, un amoncellement de ruines sans forme et sans nom, où les archéologues eux-mêmes ne travaillent que peu ou prou.

C'est là aussi qu'apparurent les Russes en 1868.

— Que fîtes-vous alors, dis-je, à un vieillard qui se trouvait près de nous?

— Mais, Monsieur, nous avons obéi à notre

Emir. Nous avons pris nos bâtons, enfourché nos ânes et quitté la ville. Les Russes avaient des canons, ils escaladèrent le plateau, nous ne pûmes leur résister.

— Pensez-vous que la conquête russe ait été un bien pour votre cité ?

— Je l'ignore.

— Est-il vrai que vous regrettez le temps de votre liberté ?

— Ah, Monsieur, l'Emir était bien méchant, aussi nous le détestions ; il le savait et jugeait prudent de ne pas quitter Bockara, sa capitale ; tout de même, voyez-vous, Monsieur, c'était notre Emir véritable.

D'après ce bout d'entretien, vous pouvez juger de la sentimentalité des hommes doux que sont en règle très générale les Musulmans. Oui, ils reconnaissent que l'Emir était voleur et cruel, oui aussi, la civilisation russe témoigne de plus de richesse, d'instruction et de force que la civilisation musulmane, mais tout compte fait, ils ne sont pas contents : « Le Czar, disent-ils, n'avait pas le droit d'annexer notre territoire. » Surtout, ils voudraient que disparaisse la citadelle toute moderne où s'abritent des obus et des balles.

Nous avons beaucoup admiré le Chah Sindeh. C'est un groupe de mosquées assez petites et dont la plupart datent du XIVe et du XVe siècle. Cependant les faïences et les briques ont conservé l'éclat de leur couleur. Les dessins des mosaïques témoignent d'un goût parfait ; et comment vous décrire la finesse, l'achevé de chacun des détails de la construction ? Cette supériorité du détail sur

SAMARKAND. — Le Chah-Sindeh.

l'ensemble est d'ailleurs le fait de toutes les architectures mahométanes.

Très rapidement, nous avons visité la crypte où repose la dépouille de Tamerlan. Le mollah de garde prend la peine de nous expliquer que le grand prince n'est qu'endormi. La pierre tumulaire est un bloc de jade long de deux mètres, et que l'obscurité fait paraître noir. Cette sépulture nous a paru d'une simplicité grandiose.

Le bazar est à ciel ouvert. Des soieries qui sont de pures merveilles m'ont tenté; je les ai eues

SAMARKAND. — Le tombeau de Tamerlan.

sans trop de peine au prix fixé par notre ami le peintre viennois.

La spécialité de ces soieries boukhariotes, c'est

la couleur ou plutôt la diversité inattendue et charmantes des reflets. Vous en jugerez de visu.

J'ai acheté enfin des tapisseries au petit point. A mon retour, en Touraine, je me donnerai le

SAMARKAND. — Fête sarte chez M. Hattier.

plaisir de les montrer à M. G. ; c'est un amateur averti, un homme de goût, un artiste. Et j'aurai une vraie joie à l'entendre louer ce travail beau et rare et dont il m'enviera la possession.

Aujourd'hui encore, nous avons pris nos repas chez M. et Mme Hattier. Leur invitation était pressante et cordiale, nous ne pouvions la décliner. Après le déjeuner, nous avons eu une séance de musique sarte avec un accompagnement de danses

fort acceptables. Ce qui nous a le plus frappés, c'est le tour de force du joueur de trompette ; pas une fois cet homme n'a pris le temps de respirer,

SAMARKAND. — Danse et musique indigènes.

non pas même une seconde ; c'est littéralement sans interruption qu'il se faisait entendre, d'ailleurs pour le plus grand dam de nos nerfs acoustiques.

Lundi 12 août

Notre hôte a tenu à nous faire voir la propriété qui a fait sa fortune. Il en est fier. Et c'est à juste titre. Cet homme se juge plus heureux que les Français de France. — « Nos impôts, dit-il, sont très réduits, les administrateurs et les officiers russes sont des gens bien élevés et sincèrement désireux, moyennant une honnête commission, de vous rendre service sur service. La mise en valeur de la terre demande peu d'efforts, il suffit d'acheter, et si les prix à Samarkand et autour de Samarkand s'élèvent rapidement, personne n'est fondé à y trouver à redire. C'est la conséquence prévue de la prospérité de la ville nouvelle, vide hier encore et qui, après-demain, sera peuplée à souhait. Qu'une grande banque fonde ici (1) une succursale, qu'un ingénieur se donne la peine de créer de la gare à la ville un service de transports automobiles ou électriques, le commerce prendra un développement inouï.

Il n'y a pas dans les provinces de France une seule ville dont les boulevards soient comparables aux nôtres. L'agriculture est très productive grâce aux travaux d'irrigation, lesquels, soit dit entre

---

(1) Voir à la fin de ce volume une étude technique à ce sujet.

parenthèses, existent, et dans l'état de perfection présent, depuis les temps les plus reculés ; le Séravchan est une rivière qui, à toute époque de l'année, a un débit considérable. J'ai une maison de commerce à Odessa, une autre à Moscou ; de la sorte j'arrive à vendre à de hauts prix ce qui ne me coûte presque rien. Mes employés et domestiques me regardent comme leur père ; de mon côté, je les traite comme mes enfants. Les questions ouvrières ne se posent donc pas ici et nous sommes tous parfaitement heureux. »

De fait, il semble qu'on puisse ici trouver facilement et vite la fortune.

Voulez-vous un exemple de programme ? Il y a, à deux ou trois journées d'ici, une montagne que les indigènes appellent la montagne d'or. Ce métal s'y trouve, en effet, en abondance, Il suffit d'aller le prendre. Mais c'est en cela justement que réside l'obstacle. Il est impossible, paraît-il, de trouver dans tout l'Empire un groupe d'ingénieurs, d'entrepreneurs et d'ouvriers en qui l'on puisse avoir confiance pour ne pas s'approprier le bien d'autrui. En sorte que la compagnie, propriétaire de la montagne, n'en peut tirer un seul rouble.

Imaginez qu'une dizaine de français, avec des capitaux et du savoir-faire, se substituent à cette compagnie russe. Et, en un an, ils auront :

a) Créé une route et un transport économique des matériaux et des vivres ;

b) Disposé des appareils ;

c) Bâti des maisons pour un personnel français très largement payé, mais honnête ;

d) Organisé un service local de banque avec des caves, et un service de transport du métal par chemin de fer, jusqu'à Krasnowodsk, puis, par bateau jusqu'à Bakou, d'où il gagnerait Pétersbourg.

Des Allemands, des Anglais même, étudient la question ; on parle beaucoup de l'intervention de la Deutsche Bank. Mais les Français ne voyagent pas en Asie centrale. Hier, au Réghistan, le guide me demanda ma carte de visite. « C'est que, Monsieur, on ne voit guère ici que des Allemands, « des Américains, des Suédois. Parcourez ma col« lection, vous constaterez la pénurie de noms « français. » Il n'y en avait que deux ou trois en effet ; j'ai retenu celui du commandant de Bouillane de Lacoste, officier d'ordonnance du président Loubet. Mais pas de banquiers, ni d'industriels, ni même de commerçants.

Cette insuffisance de notre esprit d'entreprise ne tient-elle pas à notre manie césarienne d'applaudir à une centralisation ennemie de l'initiative ? Jadis, les cadets de famille étaient pauvres (1), ils

(1) Cf. Chateaubriand, *Mémoire d'Outre-Tombe*, t. I, p. 10, 11, 12, 13, édition Deros, Bruxelles, 1852.

étaient donc en quelque sorte obligés de chercher aux pays lointains la fortune ou la gloire, et à un foyer noble on ne risquait jamais de compter plus d'un seul inutile : l'aîné. La Révolution, comme les Anglais à l'Irlande (1), comme le roi Murat à la noblesse napolitaine (2), imposa à toutes les familles françaises ce que la vieille France (3) imposait aux seules familles non nobles : le partage égal des fortunes. C'est un moyen commode et efficace de tarir la source des hommes de caractère. Les souverains, rois, empereurs ou majorité parlementaire qui, depuis Richelieu ont régné sur notre pays, ont travaillé à l'envi à ruiner en nous l'esprit d'indépendance. Rien ne doit bouger en France sans la permission de qui de droit. Et pour que le contrôle de tous les rouages de la machine soit plus aisé, tous les Français sont déclarés égaux dans l'obligation d'obéir à des lois, même contraires à la justice, même en opposition avec les principes de notre droit public. Et la médiocrité des sentiments est telle que, pour obtenir une situation, un avancement ou même une simple décoration,

(1) Cf. Le Play. *La Réforme sociale*, t. I, ch. xx, n° 4 et t. III, ch. XLIX, n° 18.

(2) Cf. Le Play, *Ibid.*, t. I, l. II, ch. xx, n° 5.

(3) Cf. *Les Etablissements de Saint-Louis*, l. II, ch. CXXXII. Au chapitre 142, on lit que la majorité du jeune homme était fixée à la quinzième année. Cette disposition, elle aussi, était très propre à développer l'esprit d'initiative.

sans signification désormais comme sans valeur, on n'a qu'une idée : avoir un chef et lui plaire. On prend le contrepied de la parole que saint Cricq adressait à Alexandre Dumas, jeune homme : « avant d'être quelque chose, il faut être quelqu'un ».

J'ai eu occasion de demander à un de mes parents, officier dans l'armée austro-hongroise, quel était le grand principe directeur de sa vie militaire. — « L'honneur ! » me répondit-il.

En France, au contraire, la plupart des officiers, même issus d'une famille jadis noble, considèrent comme leur premier devoir d'obéir à la consigne et à la loi (1), quelque injuste que puisse paraître à leur conscience cette consigne ou cette loi.

Il s'est produit un certain tassement dans les aspirations de ces âmes vers le sacrifice et vers l'idéal.

Le nivellement de toutes choses, la suppression des élites (2), est donc poursuivie avec succès.

---

(1) — Je ne connais que la loi, disait déjà Mac-Mahon.

— Alors, monsieur le maréchal, répondit un membre illustre de la Cour de cassation, le jour où le Parlement, devenu jacobin, décrèterait de mort l'archevêque de Paris, il ne vous resterait qu'à commander le peloton d'exécution.

(2) Le Parlement se prépare à voter une loi qui augmentera dans des proportions fort notables le corps électoral des chambres de commerce. Ce projet est manifestement nuisible aux intérêts du haut commerce, c'est-à-dire à l'intérêt même de la nation ; car c'est un fait, je pense, et bien acquis, que

Combien de fois n'ai-je pas entendu dire, et par des officiers : « Les chasseurs à pied ont des traditions particulières. Ils doivent les abandonner ou disparaître ? » C'est un acheminement vers l'égalitarisme qui est l'idée fondamentale (1) de toutes les doctrines socialistes.

L'Université, Polytechnique nous donnent en masse des fonctionnaires, des serviteurs, des rouages ; elles ne nous donnent pas ce dont a besoin notre pays : des hommes !

---

l'ensemble des patentés manque de toute expérience pour la résolution des problèmes d'économie nationale. En outre, ce projet est injuste ; mais la multitude n'a aucun égard pour les droits acquis, aucun respect pour les privilèges que justifient les services rendus ou les intérêts spéciaux. La démocratie en fureur a la haine ou tout au moins la jalousie des supériorités. Son ignorance, sa vanité, sa laideur envahissent tout, et envahissant tout, abaisse partout le niveau intellectuel et moral.

(1) Cf. le professeur Deschamps, *Cours de doctorat*, 1906-1907 (2e partie).

BOUKHARA

Mardi 13 août

Nous avons quitté Samarkand vers minuit, et sommes arrivés ce matin d'assez bonne heure à une station nommée Kagan, ou nouveau Bockara. Ce nom ne désigne point une ville mais l'emplacement d'une ville à venir. Les rues déjà percées sont larges et passablement entretenues, mais on recherche vainement les maisons. Je parle de maisons bourgeoises ou populaires. Car il y a bien une auberge. Et c'est même là que nous avons cherché et trouvé un abri.

Pas merveilleux cet abri, quoique puisse faire penser l'enseigne orgueilleuse d'Hôtel de l'Europe. Mais les serviteurs ont tant de bonne volonté, et la cuisine — allemande — est tellement supérieure à celle de Tachkent que nous sommes tous de fort bonne humeur lorsque, notre toilette achevée, nous franchissons les deux cents mètres qui nous séparent du consulat russe.

C'est un simple pavillon, à un étage ; une sorte d'écurie pour trente ou quarante bêtes. En manière de toit une terrasse qu'entoure une balustrade. Manifestement, on a essayé de faire quelque chose de laid : on a bien réussi.

Le maître de céans est le véritable souverain de la Boukharie. C'est un homme de cinquante à soixante ans, petit, musclé. Sans nous laisser le temps de lui adresser la parole, sans même nous prier de prendre la peine de nous asseoir, l'agent politique nous dit :

— Vous venez voir Boukhara, vous avez besoin d'un guide. Vous venez me le demander. C'est très naturel. A quelle heure le voulez-vous ? Vers deux heures sans doute ? Entendu. Le guide ira vous prendre à l'hôtel. Je vous préviens qu'en fait de langues européennes, il ne sait que le russe. Au revoir, messieurs !

Je sais que cette manière peu cordiale de recevoir les étrangers — fussent-ils Français et hommes du monde — n'est pas classique chez les diplomates russes, et ce n'est pas dommage, car ils risqueraient fort de se faire craindre plutôt qu'aimer.

A l'heure convenue le guide apparaît. C'est un Sarte de vingt-cinq ans peut-être, musulman bien entendu, tout habillé de blanc et de vert. Ses mains fines qu'ornent des bagues, son sourire très doux, ses yeux intelligents et tristes nous frappent

BOUKHARA. — La grande Mosquée.

dès l'abord. Pendant toute la promenade il nous surprendra par ses remarques. Il a beaucoup appris, mais la science a troublé son âme. C'est un être tout attiré par l'idéal, mais que vingt hérédi-

Prisonniers et soldats boukhariotes.

tés mal connues rattachent malgré lui à un monde où il souffre.

Pour se rendre de Kagan à Boukhara, il faut prendre un chemin de fer qui est la propriété personnelle de l'Emir. Le trajet dure une demi-heure. La gare de Boukhara est presque aux portes, mais tout de même en dehors de la ville.

Vous n'ignorez pas que cette capitale est un centre intellectuel de l'Islam, une sorte de ville sainte. Il est tout à fait impossible d'y risquer la visite d'une mosquée : ce serait le signal d'une émeute. Point d'étrangers. Manifestement on nous regarde avec antipathie, quelquefois même avec haine.

Il ne faut pas s'attendre à voir ici des monu-

Une rue à Boukhara.

ments d'un art très pur. Les chefs-d'œuvre du genre sont à Samarkand. Cependant la grande mosquée Kalian est précédée — chose singulière — d'un grand escalier. Les carreaux de faïence bleu clair ne sont pas beaux, mais jolis ; ils feraient moins d'effet sous un autre ciel, ou seulement avec une lumière un peu différente.

A deux pas, un minaret d'où l'on précipitait jadis les criminels.

Un peu plus loin nous nous trouvons à l'improviste en face du spectacle le plus original et le plus délicieusement exotique. Imaginez un bassin dont la surface atteint 60 mètres

BOUKHARA. — L'Ark.

carrés environ. Tout autour quatre degrés de marbre rose ; en arrière une rangée de vénérables chênes, un chemin de deux à trois mètres, et, de trois côtés, des boutiques ; tandis que sur le quatrième, une mosquée laisse, au travers des feuillages deviner ses formes antiques et superbes. En avant même de cette mosquée et de manière à ce que sa hauteur n'écrase pas cette place de rêve, un préau à ciel ouvert où le mollah explique à ses élèves le Koran. Sur les marches de marbre, des indigènes sont assis ; leurs costumes splendides se reflètent dans l'eau ; ces hommes silencieux pensent.

BOUKHARA. — Le Liabikhaus.

Nous remontons en voiture. En langue sarte, notre guide donne aux cochers d'interminables explications. Les rues sont très étroites, comme il est de règle dans une ville ancienne. Les maisons sont basses et construites en pisé ; ce ne sont que longs murs ; jamais une fenêtre, mais des portes seulement et très petites. Il règne dans cette vaste ville (100.000 habitants ?) comme un mystère ; Boukhara est une charmeuse.

Nous voici en face du Sindan. On appelle ainsi la citadelle. La situation naturelle est assez forte et les murs sont d'une épaisseur si considérable qu'on pourrait, bien en sûreté, envoyer des obus à une armée assiégeante.

Mais les canons boukhariotes, que leurs servants nous ont montrés avec fierté, ne m'ont pas paru d'un modèle bien récent. Il est manifeste que la petite armée de l'Emir n'est, pas plus aujourd'hui qu'il y a environ quarante ans, en état de résister aux armes russes. Le souverain n'a d'ailleurs aucune velléité d'insurrection contre le czar protecteur.

Dans la citadelle, deux geôles d'environ sept mètres chacune. Elles sont absolument pleines : cent individus peut-être sont là, oisifs. Quelques-uns ont un air hindou, d'autres la physionomie mauvaise d'apache parisien ; très peu paraissent des Sartes authentiques. La plupart, nous dit-on, sont coupables de vol. Nous leur distribuons quelque monnaie et quittons au plus vite la courette où nous avons dû pénétrer pour être mis en rapport avec ces malheureux.

Nous redescendons vers nos humbles carrosses. Le poste de garde nous rend les honneurs et l'attitude d'imperturbable gravité de ces soldats nous amuse : quels espiègles nous sommes !

Et maintenant nous voyons devant nous l'Ark, autre citadelle. C'est le château où se cachent de mystérieuses personnes, en relations personnelles avec sa Hautesse. Nous passons. Faites de même.

Enfin nous arrivons au bazar. A lui seul il cons-

Vue sur Boukhara et sa citadelle.

titue toute une ville, divisée en une infinité de quartiers. Dans chacun d'eux, le marché d'une seule espèce de marchandises. Nous n'avons pu revoir les beaux châles de soie de Samarkand, mais en revanche nous avons eu des cris d'enthousiasme à la vue de quelques khalates de prix. L'une d'entre elles, soie, velours et or, absolument une merveille, coûtait 150 roubles seulement. Trop encombrantes, nous ne pouvions les acquérir, mais nous avons applaudi de tout cœur les admirables artistes. Ils ont paru reconnaissants.

Nous rencontrons ici toutes choses et toutes gens. Parfois des Derviches passent qui récitent le Koran par versets et recueillent des aumônes, puis disparaissent par une rue latérale, une étroite galerie couverte comme à Tachkent.

Ce bazar, une des richesses et des curiosités de l'Orient, restera. Mais tout le reste de la ville, en dedans des remparts, disparaîtra, hélas! un jour qu'on peut prévoir comme prochain désormais. Cette ville capitale, absolument étrangère jusqu'aujourd'hui à la civilisation de l'Occident, ne peut rester immobile lorsque tout change et se perfectionne. L'ouverture du grand chemin de fer oblige ce pays à une évolution économique en même temps qu'elle contribue à l'adoucissement des mœurs. Si, demain, un étranger est admis à résider en ville il achètera du terrain, fera bâtir et ce sera le signal de la disparition graduelle et rapide de la capitale la plus homogène, la plus artistique, la plus étrange du monde musulman. Souhaitons que le Gouvernement russe s'abstienne de hâter cette évolution ; l'art, lui aussi, a quelques droits, il faut les respecter. La prépondérance commerciale serait d'ailleurs déjà déplacée au profit de Samarkand, si le moindre service de transport reliait la ville russe à la gare.

Présentement, Boukhara est une ville dont le séjour est interdit aux étrangers. Ne le serait-il pas, il devrait être à tout prix évité, car l'eau qu'on boit est puisée aux bassins publics ; elle est si malsaine que les boukhariotes sont presque tous atteints d'une lèpre spéciale : « la maladie sarte ».

Les environs de la ville sont un vaste potager. La fertilité est aussi manifeste que dans les oasis précédemment visitées de Tachkent et de Samarkand.

Nous nous arrêtons à Chirboudoun, château de plaisance de l'Emir. Cet immense palais n'a aucun caractère. Il contient 150 pièces, pas une n'est belle, ni seulement originale. Dans la salle du trône, un registre où, avec beaucoup de sérieux, nous mettons nos signatures. A côté une corbeille pleine de fruits superbes. On nous convie à les goûter. Nous acceptons. Et puis l'on nous invite à pénétrer dans les jardins. Ils sont grands et bien arrosés. Les charmilles sont pleines d'un raisin qui est bien le meilleur de l'Orient.

Mercredi 14 août

La gare de Kagan est pleine de monde. Quelques costumes nouveaux frappent nos yeux : ce sont les costumes noirs d'hommes aux yeux très noirs et à la barbe plus noire encore : j'ai cru comprendre qu'il s'agissait de Béloutchistanis.

Cependant, le major avait besoin de moi :

— Sans plus de retard, me dit-il, allons prendre les billets.

Mais, hélas ! devant le guichet stationnaient en file très indienne vingt ou trente géants, des Boukhariotes. Derrière le dernier d'entre eux nous prîmes notre place d'attente, lorsque survint un Russe, un gardavoï :

— Seriez-vous désireux, nous dit-il, de prendre le prochain train ?

Nous avons affirmé que telle était notre intention.

— Or ça, reprit-il, venez avec moi, il n'est pas convenable que vous ne soyez pas servis les premiers.

Donc nous avons pris le pas sur tous les Asiatiques présents. En avions-nous le droit ?... Sans doute ces gens ne sont pas plus que nous maîtres et seigneurs dans une gare de l'Etat russe ; notre acte n'était pas cependant sans témoigner de quelque impertinence.

Le prix des places serait peu élevé, n'étaient les suppléments divers ; le plus important est perçu, depuis la guerre, en faveur de la Croix-Rouge.

Sur le quai nous rencontrâmes un jeune homme, anglais, négociant en cotons, et qui habite le pays ; il nous conquit les bonnes grâces du conducteur du train. Donc nous voici installés dans un wagon-salon de première où précisément ne se trouve presque personne. Cet Anglais, ravi d'entendre parler sa langue, si généralement ignorée en Russie, est resté avec nous jusqu'au moment du départ.

Quarante-deux heures de chemin de fer en perspective, ce n'est pas nouveau pour nous, mais c'est une fatigue nouvelle dont nous ferions volontiers l'économie. Pour nous distraire, nous regardons le paysage : un désert de sel rose et de sable ; au loin des montagnes. Tout à coup une oasis apparaît : des champs bien irrigués, des maisons en terre et entourées d'un grand mur, des arbres enfin. Cette vue se prolonge quelques instants, puis c'est fini, nous rentrons au désert.

Le soir est venu lorsque nous franchissons l'Amou-Daria, l'ancien Oxus. C'est un fleuve large de 3.000 mètres et plus et dont la navigation offre des difficultés. Au sortir du pont, un arrêt : c'est l'oasis de Tchardjouï. Nous achetons quelques pastèques pour demain. Le train repart, et quelques instants après nous avons quitté la Boukharie.

AU
VOISINAGE DE LA PERSE

Jeudi 15 août (2 du style russe)

Pendant toute la nuit les conducteurs vont et viennent d'un bout à l'autre du train, ce qui enlève au malheureux touriste la faculté de goûter un sommeil réparateur. Autre ennui : on se sent à toute minute la victime d'insectes malpropres. Les administrateurs du chemin de fer devraient bien faire en sorte que les coussins et canapés soient un peu mieux nettoyés qu'ils ne sont.

Si jamais quelqu'un s'avisait de faire publiquement cette remarque-là, on lui adresserait la réponse que voici : « Il ne vous appartient pas de formuler la moindre réclamation. Les chemins de fer du Turkestan et de la Transcaspie sont faits pour les seuls sujets du czar ou des souverains vassaux du czar. C'est par faveur qu'on vous a octroyé à Pétersbourg les passeports nécessaires pour visiter les territoires où vous êtes et qui sont, ne l'oubliez pas, territoires militaires. »

Nous savons en effet que la permission de parcourir l'Asie Centrale russe n'est pas, tant s'en faut, donnée à tous solliciteurs. Le motif de cette réserve est la crainte des Anglais. Cette crainte est poussée si loin que nous avons reçu au départ l'avis exprès de nous garder de toute tentative de visite à Khiva ou d'excursion au delà de Merv dans la direction du sud (Afghanistan).

Et à ce propos, laissez-moi vous conter une anecdote :

Quelques heures après notre départ d'Orenbourg, — donc en plein désert, — l'un de nous fut assez imprudent pour laisser voir un appareil photographique. Un gardavoï se précipita ; il fallut exhiber nos papiers. Mal rassuré, il appela un capitaine. Cet officier examina avec beaucoup de soin tout ce qu'on lui présenta, puis, très poliment, s'excusa en français du zèle qu'il avait dû montrer. Au surplus, il n'insista point pour confisquer l'appareil. Comme je lui demandais le motif pour lequel on interdisait, si loin de toute ville et de toute redoute, l'usage de la photographie :

— Que voulez-vous ? me dit-il ; et, non sans mystère, il ajouta : ... les Anglais ! vous comprenez !

Précisément, je ne comprenais pas du tout. Mais la peur se raisonne-t-elle ?

A six heures du matin nous sommes à Merv ; dans la gare, une animation extraordinaire. Ces turbulents voyageurs sont en quasi totalité des Turcomans, des hommes de taille moyenne mais trapus et très bons cavaliers. Ils sont vêtus d'un manteau brun à la cosaque, et d'un bonnet en laine, brun ou blanc, d'au moins trente centimètres de haut : le papach.

Un train bi-hebdomadaire va de Merv à la frontière afghane ; on m'assure que la ligne se prolonge au delà des possessions russes, et qu'elle atteint le col de la Koutchka, à quelques kilomètres d'Hérat.

Nous continuons notre route : le nouveau Merv est une cité asiatique sur le modèle de Samara ou d'Orenbourg, type connu. Et au vieux Merv même, que pourrions-nous voir de vraiment intéressant ? Cité d'Alexandre le Grand, cité arabe, cité persane, toutes sont ruinées aujourd'hui.

En queue de notre convoi, un affreux petit wagon buffet. Non sans attention, le voyageur traverse la cuisine et les garde-mangers, pour pénétrer enfin dans le salon restaurant. Beaucoup d'officiers ; juste en face de moi, une bouteille de vodka, et, à demi caché derrière elle, le visage d'un gros colonel d'infanterie. A droite du colonel un lieutenant de réserve, à sa gauche un sous-colonel de cosaques : il porte sur la tête le papach en astrakan et, sur le corps, la tcherkesse en laine grise, ornée d'un ceinturon du Caucase avec sabre et poignard. Quel uniforme superbe pour un homme de haute taille !

Ces messieurs nous communiquent les gazettes merviennes : on y signale comme un fait à sensation le passage de huit touristes français ; et les journalistes ont donné — mais avec quelle orthographe ! — les noms et profession de plusieurs d'entre nous. Prenant prétexte de cette indiscrétion, les trois officiers russes s'essaient à deviner au jugé à qui de nous peut s'appliquer tel nom et telle profession. Ce petit jeu dure quelque temps.

Après midi nous voyons sur notre gauche de beaux rochers. C'est la chaîne de montagnes (Dagh) qu'il nous eût fallu franchir si, fidèles à notre pensée première, nous étions allés à Meched, la ville sainte. Entre les monts (1) et la voie, la distance est de moins en moins grande ; tout près de nous, parfois à quelques mètres seulement, des pyramides quadrangulaires de hauteur d'homme indiquent la frontière persane.

Aprés avoir admiré les restes anciens d'une mosquée, nous entrons en gare d'Askhabad. Les Persans font avec cette ville un commerce considérable.

Au coucher du soleil, le train est parvenu et s'arrête un quart d'heure à la station de Gheok-

(1) Monts du Gioulistan.

Tépé. On a tout le temps nécessaire pour traverser les rails et jeter un coup d'œil sur la fameuse forteresse. C'est là qu'en 1881 les Tékès commirent la faute de s'enfermer au nombre de trente mille ; c'est là qu'ils furent attaqués par les soldats de Skobelev.

Ce général, désireux de faire croire en haut lieu à la difficulté du succès, refusa de se servir de ses canons : ils eussent déterminé les Turcmènes à la dispersion. Il préféra un siège en règle et un assaut à la baïonnette : hommes, femmes, enfants furent égorgés par les Russes qui, de leur côté, avaient eu des pertes sensibles.

Quand, monté sur le parapet, on constate le peu de solidité de ces murailles, on s'étonne vraiment du bruit qu'a pu faire en Europe le nom de Gheok-Tépé, et de l'auréole de gloire qu'il jeta sur celui qui fit tuer inutilement un si grand nombre de ses compatriotes.

De quelque manière d'ailleurs, que le résultat ait été obtenu, il est certain que les Turcmènes, de la Caspienne jusqu'à l'Afghanistan, sont domptés. Ils n'entreprennent plus d'alamanes (expéditions guerrières), ils se contentent désormais de s'occuper de la garde de leurs troupeaux et de la vente des merveilleux tapis que fabriquent les femmes et les filles de leur nation.

Tout auprès des ruines et des rails, les tombes des malheureuses victimes. A mes côtés, j'aperçois un officier très grand, à l'uniforme bleu, qui, regardant les tombes, caresse une longue barbe brune. C'est le même colonel qui, monté dans notre train à Askhabad, a trouvé dans notre salon une installation et une compagnie.

— Je commande, me dit-il, le corps des garde-frontières de la Perse et de l'Afghanistan. Ma résidence ordinaire est à Merv, une ville bien malsaine ; quand la fièvre me laisse quelque loisir, je pars pour le Sud.

— Êtes-vous allé jusqu'à Hérat ?

— Non ! pourquoi presser les événements ? Ne suis-je pas certain d'entrer quelque jour dans cette ville à la tête de mes chasseurs ?

Tous les chefs de corps d'élite se ressemblent, n'importe le pays. Ils ont la foi aveugle dans la guerre et dans la victoire à venir.

Vendredi 16 août

Nous arriverons à midi à Krasnovodsk, après un trajet de plus de 5.300 kilomètres — depuis Moscou (1). Sur notre droite, nous apercevons une haute montagne et un plateau, mais complètement dénudés, et dont la couleur est uniforme

(1) Exactement 5.090 verstes (la verste vaut 1.060 mètres).

avec la surface absolument plane qui se trouve à gauche de la voie. C'est un désert de pierre et de poussière sans aucun intérêt. A l'Est, en deçà de l'horizon, une bande jaunâtre dans laquelle, grâce au ciel si pur des pays chauds et à la lumière éclatante qui y règne, on peut voir se détacher les silhouettes des dunes de sable qui, sur une longueur de deux cents lieues, occupent tout le pays jusqu'à Khiva.

Tandis que nous prenions notre petit déjeuner — une douzaines d'écrevisses délicieuses, cédées pour 5 kopecks par une femme turcmène — nous avons aperçu la mer. De longues heures nous la côtoyons. C'est une mer étonnamment verte.

Krasnovodsk mérite à peine le nom de ville : il serait fort impossible d'y découvrir un monument ou seulement une place régulièrement bâtie. Point d'hôtels, cela va sans dire, mais des casernes et des entrepôts avec un port bien abrité et une grande gare de chemin de fer. La cité ne pourrait d'ailleurs acquérir un certain développement que si les beaux rochers rouges qui la dominent à l'Est et au Nord-Est disparaissaient.

Un bateau de la Cie Caucase et Mercure nous emmène vers Bakou. La traversée de la Caspienne est dénuée de tout intérêt, mais elle est souvent dangereuse. La conduite d'un navire dans l'un des ports de la côte est une opération délicate. Pour sortir de Krasnowodsk, nous faisons un grand détour au Sud.

Les reflets du soleil dans la mer, l'horizon des montagnes décharnées et tristes nous font éprouver une émotion profonde.

17 août

En mer. — Le colonel de gardes frontières nous accompagne jusqu'à Bakou d'où il prendra un train pour Kislovodsk. C'est une élégante station de bain dans le Caucase, le Vichy de la Russie.

Il est fort causeur ce matin, le colonel. Sur le pont, il a installé ses couvertures et passé une bonne, une très bonne nuit. A présent il brosse ses effets, puis, avec beaucoup de soin, attache à son cou la cravate d'officier de l'ordre de Saint-Georges, dont il porte déjà la Croix de Chevalier.

Oui, le colonel est content. Le calme inattendu de la mer, la fraîcheur de l'aube, la perspective de l'arrivée prochaine sont autant de motifs de bonne humeur. Il regarde grandir au loin la presqu'île d'Apchéron derrière laquelle Bakou se cache encore.

— A quelle heure serons-nous à quai ?

— A midi seulement, affirme le major. Bakou est pour moi une vieille connaissance, et je me souviens que la distance est considérable entre la cité — qui maintenant se dessine là-bas — et le cap d'Apchéron.

— Nous serons à terre avant qu'onze heures ne soient sonnées.

— Voulez-vous tenir le pari ? insiste le major. Une bouteille de champagne !

Le jeu est amusant, je recommence avec soin l'évaluation de distance et communique mes calculs au colonel.

— Acceptez le pari, me souffle-t-il. — J'accepte ; et voici que le major m'emmène pour régler les comptes du maître d'hôtel, un Arménien.

Il nous présente une note de quinze roubles.

— Mettons-en cinq, dis-je, et vous serez largement payé.

— Jamais, Monsieur ; ce sera quinze ou rien.

Le major s'en va trouver le capitaine du bord, et le prie de mettre un terme au différend. Le grand juge-arbitre accepte de descendre à l'office avec nous.

— Combien offrez-vous ? nous dit-il.

— Cinq roubles !

Puis s'adressant au maître d'hôtel et à son adjoint :

— Combien demandez-vous ?

— Voici la note.

On additionne : c'est cinq roubles.

— Mais tout à l'heure vous exigiez quinze !

— Du tout, Monsieur, cinq !

— Mais vous-même avez fait le calcul et me l'avez mis sous les yeux. Il s'agissait d'un compte détaillé dont le total portait quinze roubles. A plusieurs reprises, vous nous avez répété ce chiffre.

— Oh ! monsieur, c'est impossible ! Donnez cinq roubles, nous serons très contents.

Je ne vis jamais pareil cynisme dans le mensonge. Nous voici devenus, par conséquence, définitivement décidés à renoncer à notre excursion Bakou-Lenkoran-Astara-Ardebil-Tauris-Ourmiah-Erivan-Tiflis. Il y a déjà une semaine et plus que le major nous a représenté l'impossibilité pratique de se rendre à Tauris et Ourmiah. Le pays est en pleine révolution politique, et les Kurdes profitent de cet état de choses pour piller et tuer plus à leur aise. Par ordre supérieur, les Turcs occupent les routes et l'on ne peut affirmer que le principe de la pénétration pacifique soit fort en honneur auprès d'eux.

Sans doute il y a lieu de regretter les montagnes si vantées du Gilan, mais ne verrons-nous pas mieux dans la traversée Tiflis-Vladikawkaz, par les gorges du Daryal ? — Resterait l'Arménie. Mais c'est tout justement ce que nous consentons le plus volontiers à ne pas voir, surtout depuis que nous avons éprouvé la justification du renom de mauvaise foi des commerçants arméniens.

Nous arrivons à Bakou, la ville noire. L'eau vert très clair de la baie est parfois assombrie par de larges taches de naphte : il y a des sources sous-marines.

Nous débarquons avec infiniment de plaisir. Trois Tartares sont près de nous ; ils chargent sur leur dos nos seize valises (!) et nos sacs. Nous nous rendons immédiatement à l'hôtel de l'Europe que dirigent des Français. Pour la première fois, depuis Moscou, nous nous trouvons en face d'un repas vraiment soigné !

Cependant on nous communique des nouvelles de Paris : l'émotion produite par l'entrevue du czar et de l'empereur Guillaume, le bombardement de Casablanca, la baisse de la Bourse.

Nous nous arrachons à la lecture du journal pour sauter en voiture, et parcourir la vieille cité arabe et persane et jouir des curieuses scènes de mœurs qu'elle offre à tout moment.

Vous connaissez le voyage au Caucase d'Alexandre Dumas et vous vous rappelez la légende de la « tour de la jeune fille ». Cette construction énorme existe toujours, on la nomme ici Kis-Kali, c'est-à-dire « tour de vierge ». Quant à la légende, on la conte ici comme de l'histoire authentique. Cette tour originale faisait partie de l'enceinte. Tout auprès des vieux murs, la « xancxaïa mechet », la mosquée des Khans. C'est une construction persane. On y chercherait vainement l'élégance des mosquées arabes ou l'ornementation des mosquées du Turkestan. Mais cette sobriété même dans la recherche de l'accessoire et l'impression de force qui se dégage de cet édifice n'est pas pour déplaire à un Normand.

En dehors de la ville, la mosquée de Fathma, joli nom pour une construction toute de grâce et d'élégance. Le tombeau de la Sainte (à l'instar du « pupitre au Coran », à Samarkand) possède le précieux privilège de rendre fécondes les femmes stériles ; n'est-il pas curieux que cette pieuse croyance se retrouve un peu partout : en France, en Orient, en Asie centrale ?

Nous nous sommes présentés aux usines du Suédois Nobel. C'est la grande raffinerie de naphte. Elle est située non à Bakou même, mais à deux verstes au Sud-Est, dans la « Tchorny Gorod » (ville noire). La route était bien mauvaise, nous étions éclaboussés par les chevaux. Nous avons pris grand intérêt à visiter cette exploitation immense, qui témoigne de la force de la matière et de la force plus grande du génie de l'homme. J'ai visité plusieurs fois des usines et des aciéries. Jamais encore je n'avais tremblé pareillement. J'avais littéralement peur. Je me demandais comment ces vingt fourneaux pouvaient ne pas sauter.

Puis, nous nous sommes rendus à Bibi-Eyrat où nous avons été spectateurs de la manière dont on fore un puits. Cependant, il y en a là peut-être deux mille les uns à côté des autres, que déjà l'on exploite. Ils sont d'une grande richesse. Pour puiser, on ne se sert pas de pompe, mais d'une sorte de seau de quatre à cinq mètres de lon-

BAKOU. — Une exploitation de naphte.

gueur, qui descend à une vitesse vertigineuse et remonte de même. Une partie de ce sol et de ce sous-sol appartient à M. Zolatoff.

Nous partons pour la gare. Sur le chemin, nous rencontrons des jeunes filles tartares. Elles m'ont paru généralement moins belles, mais aussi rieuses qu'à Kazan.

Les Persans, au contraire, gens fort entichés du

décorum, ne permettent pas volontiers à leurs femmes la promenade.

Eux-mêmes, toujours vêtus d'une redingote sévère, jugent les « Frangui » (les Français, et, plus généralement, les Européens) et les Russes absolument ridicules : de fait, la société cosmopolite de Bakou se préoccupe beaucoup plus de pétrole que de soins de propreté et d'élégance : ingénieurs, mécaniciens, marins, négociants quittent rarement la veste noire en cuir de Malmö que les Suédois installés ici en nombre, ont mise à la mode.

Le type persan est, de tous ceux que nous avons rencontrés, celui qui peut-être se rapproche le plus de la beauté telle que nous la comprenons. La taille est plutôt grande et le front large. A Moscou, à Nijni, à Boukhara, des négociants de cette nation s'étaient trouvés sur notre route ; il m'a paru qu'ils avaient une intelligence très vive.

Cette impression peut trouver une confirmation dans ce fait que les Persans ont fort en honneur la philosophie et les lettres. Ce sont aussi des banquiers heureux, des négociants pleins d'astuce, de finesse et de ruse. On dit volontiers en cette ville où les Persans sont les grands maîtres du commerce, que tout Persan est, a été ou sera courtier, chacun dans sa sphère, le ministre pour l'adjudication d'une province, le fonctionnaire pour l'obtention d'un emploi, le pauvre hère pour la mise en gage d'une friperie ou d'une casserole.

J'ai recueilli à Bakou cette opinion curieuse : La Perse ne sera jamais, comme le croient quelques-uns, une province russe, encore moins britannique. La Perse a un passé glorieux, elle lutte aujourd'hui contre le despotisme du shah, elle combattra demain pour l'indépendance nationale ; l'avenir s'annonce pour elle comme très brillant (1).

Vers cinq heures et demie, nous étions à la gare terminus. Le train n'est venu se ranger que trente minutes après. Pendant cette demi-heure, nous avons été entourés d'une centaine de Géorgiens, Tartares, Turcomans, qui nous dévisageaient avec stupidité. Les gardavoï nous regardaient aussi. Il a fallu se fâcher.

Quand le train est venu, les portières étaient fermées à clef. Vers six heures vingt, elles ont été enfin ouvertes. Pour pénétrer, il a fallu livrer aux co-assiégeants une véritable bataille. Cependant toutes les places, à l'exception de trois, étaient retenues par d'encombrants colis aux propriétaires inconnus. En sorte que nous nous sommes fâchés

(1) Les faits qui se sont passés en Perse depuis septembre 1907 semblent donner raison à cette opinion que, jusqu'aujourd'hui, on eût taxée d'originale.

de plus belle. Scène au chef de gare, gros personnage à cinq ou six galons, qui nous a renvoyés au sous-chef, lequel nous a donné cinq places en première.

Mais comme nous nous installions, il y a eu des scènes avec le conducteur, bon enfant, mais un peu ivre comme généralement ses camarades ; avec flegme, il nous jure qu'il n'a aucune place à nous offrir. Une gratification opportune de 50 kopecks empêche le malheureux de renouveler un faux serment.

Le train comprend onze voitures; deux d'entre elles sont occupées par des soldats en armes ; chaque train est ainsi accompagné d'un double peloton d'infanterie. Et toutes les gares de la ligne Bakou-Batoum donnent asile à vingt, quarante, soixante fantassins.

En juillet, à Virballen, nous avions reçu avec gratitude l'aide d'un étudiant, Polonais d'origine et de langue, mais résidant à l'ordinaire à Paris. Une fois encore, ce soir (1), nous avons rencontré un jeune homme de connaissance, un Parisien authentique celui-là, mais domicilié à Bakou. Il intervint avec succès dans nos démêlés avec le conducteur, l'ober-conducteur et le lieutenant conducteur, qui s'entendaient comme larrons en

(1) A la station de Baladjary, la première après Bakou ; on s'y arrête près d'une heure pour dîner au buffet.

foire pour frustrer l'un de nous du droit à l'occupation d'une couchette.

C'était un scandale. Notre compatriote en convint. Mais de tels faits ne sauraient plus l'émouvoir.

— Croiriez-vous, nous dit-il, croiriez-vous qu'au Caucase un peu tout le monde a mis à la mode de jouer au monde renversé ? Mon expression vous fait sourire, Messieurs, sachez cependant qu'elle exprime la pire des réalités. Ainsi la police — la haute police s'entend — est manifestement d'accord avec les terroristes, les voleurs, les assassins. En voulez-vous une preuve entre cinquante ? Vous verrez au centre même de Tiflis une grande place (1) où quatre bombes ont été jetées en plein jour au moment précis où passait une voiture de poste, chargée d'une somme énorme en billets de la Banque de l'Empire. Le cocher tué, un révolutionnaire a pris sa place et personne n'a jamais pu découvrir ni l'argent, ni les voleurs... En dehors des villes, la sécurité est moins assurée encore. Pas un indigène, même très pauvre, qui ne possède un fusil et cinq cents cartouches. Tenez pour certain que jamais le consul de Tiflis ne vous laissera partir dans les montagnes vers Wladikawkaz ; les cosaques eux-mêmes ont dû se replier.

---

(1) La place d'Erivan.

Et à Tiflis même, vous goûterez les douceurs de l'état de siège.

Le Caucase, en effet, n'est pas un pays absolument acquis à l'influence des Russes. Les montagnards ne sont pas d'humeur à faciliter la tâche d'un gouvernement affaibli. Mais si, comme il est probable, le gouvernement de M. Stolypine renonce pour tout de bon à la chimère asiatique, et qu'avec l'appui du czar il encourage l'armée à regarder vers le sud, on peut espérer que la paix se rétablira vite au Caucase, en Arménie et jusqu'à Tauris et Ourmiah.

En attendant ce bienfait, tout le pays en deçà des monts vit dans la terreur.

Mais en vain les hommes sont méchants, en vain ils s'efforcent de répandre la discorde, d'étouffer les germes des libertés possibles, de violer la justice; en vain, ils enfument l'air de pétrole et de houille, la mer est toujours la mer, la montagne toujours la montagne.

Que les hommes continuent à tromper et à tourmenter eux-mêmes et les autres, ils seront seuls. Car les plantes, les oiseaux, les enfants, les artistes vivent une vie meilleure. Eux du moins restent dispos à la paix, à l'union, à la tendresse et à la joie ; ils participent et en ordre à la beauté divine du monde.

DU

CAUCASE AU BOSPHORE

Dimanche 18 août

Nous nous sommes endormis hier sur une vision complexe. La voie traversait des collines sablonneuses, sans la moindre trace de végétation ; des eaux stagnantes recouvertes de pétrole décomposaient la lumière en curieuses irrisations. Au Nord-Est, les puits de Sourakhany et de Balakhany, au Sud-Est la mer agitée par le vent et à l'Ouest un coucher de soleil sur les premiers contreforts du Daghestan.

Quand nous nous éveillons aujourd'hui, le train roule doucement dans la vallée de la Koura. De part et d'autre du railway, des champs de maïs et des prés, que parfois interrompent des haies. Ces terres sont une merveille de fertilité ; il est probable que l'eau des torrents les recouvre une partie de l'année. A je ne sais quelle station, on nous offre un lièvre pour 40 kopeks (environ un demi franc). Il va sans dire que nous nous sommes doutés de quelque supercherie.

Je me souviens qu'un soir d'octobre 1902, je fis avec deux camarades le trajet qui sépare Pise de Turin. A l'heure du dîner, nous étions en gare d'Asti. L'un de nous alla à la découverte. Le buffet avait belle apparence, les langoustes surtout étaient d'un rouge admirable et tentant. Pour la somme — modique à cette époque — de six lires, nous pûmes nous procurer l'un de ces animaux. Cet objet de nos désirs, enveloppé avec soin, nous fut remis comme le train s'ébranlait. Bien contents, nous payâmes. Quelques minutes après, nous constations avec amertume que la belle carapace ne contenait que... de l'eau.

Donc, avertis par l'expérience, nous nous sommes privés du lièvre. Nous nous sommes même vus obligés de renoncer à tout espoir de croquer quoi que ce soit avant midi, heure de notre arrivée à Tiflis.

Nous fûmes accueillis à la gare par M. Fransurot, le riche possesseur d'un bazar immense et luxueux, l'hôtel d'Orient. Notre hôte, un joyeux bourguignon, nous présenta un menu auquel nous fîmes honneur : songez que pour la première fois, depuis Pétersbourg, nous goûtions de la cuisine française ! Le major veillait à nous faire servir quelques-uns des crus les meilleurs d'une cave fameuse à juste titre. Voulez-vous du beaune, du romanée conti, du chambertin, du corton ? On en a mis partout. Prenez seulement la peine de choisir.

Pour arriver à notre salon, nous avons traversé la salle à manger commune. Nous y avons vu entre autres princes du Caucase une grande dame que les Géorgiens regardent comme leur légitime souveraine.

On m'affirme qu'à la suite des désordres, le gouvernement russe a réduit dans des proportions énormes la rente qu'il sert à la femme respectable dont il a capté les biens et supprimé le trône.

Des princes, on sait qu'ils possèdent souvent de grandes terres, de vastes forêts, mais que ces richesses équivalent à des charges, attendu que gérants et gardes empochent invariablement tous les revenus. Ces revenus sont d'ailleurs minimes le plus souvent, car le Caucase manque de routes et de chemins. Par nécessité, le Géorgien noble, paresseux et prodigue, vit aux dépens du prêteur arménien.

Nous occupons de très belles chambres. C'est bien la première fois que cela nous arrive depuis Orenbourg. Nous retrouvons aujourd'hui notre civilisation et le confort, sa caractéristique. Disparues les punaises, les moustiques et les puces. Dans les lits se trouvent des draps et des oreillers bien mols ; sur le parquet, des tapis anciens de la Perse, au fond généralement bleu ou violet.

A notre tour, nous voulons acquérir quelques spécimens de cet art oriental. Dans l'Armiansky Bazar, nous parvenons à faire quelques découvertes, mais il faut patienter des heures entières, avant d'entendre agréer le prix offert. C'est grâce à l'absence des étrangers, et à la pénurie des affaires

Une rue de Tiflis.

depuis les troubles que nous avons réussi à nous procurer à bon compte des tapis anciens vraiment admirables.

Les plus beaux que je vis jamais se trouvent chez le consul de France en cette ville. Nous lui avons rendu visite en son hôtel, une propriété de l'ancien consul de Perse, aujourd'hui ambassadeur à Constantinople. C'est une demeure de style et de goût persan, comme les maisons des riches Sartes en Transcaspie. Le salon, très vaste, est meublé comme le sont les palais des princes à Tauris, ville où notre compatriote fut consul assez longtemps ; sur les tables, aux murs, cent objets rivalisent de joliesse, de grâce, de préciosité. Par trois portes-fenêtres, cette pièce communique avec une terrasse d'où l'on a vue sur la ville basse, le jardin botanique et les montagnes.

Lundi 19 août

On nous a remis ce matin des autorisations officielles de circuler dans les rues et de porter des armes de poche. Car Tiflis est en état de siège, et ces papiers qu'orne la signature du chef du département de police pourront nous être très utiles pour éviter mille vexations.

Tiflis est certainement l'une des villes les plus curieuses de l'Orient. Elle est bâtie en amphithéâtre sur la rive droite de la Koura. Cette humble rivière s'est creusé dans le roc un lit assez profond, et les remparts ainsi formés sont continués dans le sens de la hauteur par de vastes greniers en pierre et de pittoresques maisons en bois, bien pourvues de terrasses surplombantes et de balus-

Tiflis. — La Koura.

trades mal ajustées. Sur les deux ou trois ponts fréquentés, l'on peut voir défiler les costumes les plus dissemblables et des représentants des races les plus diverses. Et certainement, le coup d'œil ne vaut pas, à beaucoup près, celui du pont de la Valideh, à Constantinople, parce que l'activité est ici moins grande, les contrastes moins saisissants faute de lumière, la Koura sauvage et capricieuse, indigne d'être comparée à la Corne d'or.

TIFLIS. — Pont sur la Koura.

Comme à Nijni et Moscou, les rues de Tiflis sont pavées de gros cailloux. C'est commode pour les habitants, hommes et bêtes, mais c'est un supplice pour l'étranger aux bottines élégantes. Mieux vaut de flâner à cheval ou en voiture, quitte à en descendre de temps en temps sur l'injonction d'un chef de patrouille désireux de vous fouiller. Nous avons été ainsi arrêtés bien des fois et je dois reconnaître que jamais nous n'avons eu de difficultés ni avec les sous-officiers, ni avec les soldats; ils semblaient éviter de nous poser des questions indiscrètes et précises. Ces fantassins qui toujours portent, à la mode russe, baïonnette au canon, faisaient la police avec un tact qui est tout à leur honneur et à celui de leurs officiers.

Nous profitons de notre séjour à Tiflis pour prendre un dernier bain russe. Mais auparavant nous sommes allés en landaus jusqu'à la citadelle persane, dont les ruines, bien conservées, se trouvent sur une hauteur, au Sud. Le temps était chaud et clair, le panorama était passablement étendu; la chaîne, les dômes, le pic neigeux du Kasbek ne nous ont pas séduits; nous préférions regarder à nos pieds la vallée de la Koura, les bazars, les vieux quartiers. Sur notre droite, nous apercevons le jardin botanique. Des sentiers en lacets y conduisent. Nous renvoyons nos voitures et nous nous hasardons à descendre par ces chemins.

Le jardin n'offre au profane rien de curieux. Nous nous attardons au contraire à regarder le paysage nouveau qui s'offre à notre soif d'émotions. C'est une vallée perpendiculaire à celle de la Koura, d'un côté le jardin botanique où nous sommes, puis des rocs et le ruisseau; de l'autre côté une véritable montagne aux ondulations pleines de majesté; sur les flancs de ce mont, un pauvre cimetière mahométan, mélancolique comme tous ses pareils, et dont la brutalité de la civilisation entreprend de détruire le charme par une transformation en jardins.

Mardi 20 août

Nous avons reçu hier soir après dîner la visite d'un Français domicilié à Tiflis. Il nous a décrit les mœurs du pays. Le type dont il parlait le plus volontiers est le révolutionnaire ; c'est un bandit, un assassin, mais, mû par un idéal, il a presque toujours le sentiment très vif de la justice, de la fraternité, d'ailleurs limité à ceux qui, comme lui, veulent la déchéance des bureaucrates, des formalistes, des incapables. Les révolutionnaires forment des comités tout puissants aujourd'hui dans quelques parties du pays et notamment au Caucase. On a tiré sur le consul de Perse et tué son secrétaire. Motif? « Les fonctionnaires sont une catégorie de gens dont il faut débarrasser l'humanité... »

De tels raisonnements sont insensés, mais ils ne sont pas rares. Aussi le gouvernement se reconnaît-il impuissant. Récemment, en pleine ville, un Français a été à moitié assommé et les Russes n'ont donné aucune indemnité. On nous a, pendant notre séjour, conté cent faits semblables, et nos interlocuteurs n'étaient pas des artistes, des visionnaires, mais les Français les plus courageux et les mieux qualifiés de toute la colonie.

Nous devons renoncer au retour en France par les gorges du Darial et Wladikawkaz. La route militaire de Géorgie a été abandonnée aux terroristes ; nous aventurer de ce côté serait une témérité trop grave et très inutile. Le Caucase est une contrée trop proche de la nôtre, pour qu'on ne doive pas espérer une occasion prochaine de s'y rendre et de le traverser.

Donc nous partons pour Batoum et de là pour la Crimée, Kieff, Cracovie — ou pour Constantinople. L'hésitation est permise, mais nous avons hâte de respirer un peu l'air de la liberté en sorte que nous préférerons sans doute quitter au plus tôt la terre russe. Et puis les Turcs sont gens si doux, si polis, si respectueux des habitudes françaises, si favorables aux étrangers qu'on envisage avec plaisir l'idée de revoir ce pays hospitalier.

8 heures du soir. — Une grève vient d'éclater à Batoum, ce qui nous oblige à retarder jusqu'à demain soir notre départ de Tiflis. Nous nous félicitons de cette grève opportune. Car nous avons encore besoin de repos : vous ne sauriez croire dans quel état d'énervement nous a mis cette série de nuits en chemin de fer à travers l'Asie Centrale.

Entre deux et quatre, nous avons fait une promenade en voiture au nord de la ville ; nous avons

Tiflis. — Vue sur la forteresse persane et la Koura.

eu un beau point de vue sur la Koura et la forteresse persane. Puis, nous avons été goûter sur une montagne où l'on accède par un funiculaire de construction française. A mi-chemin, le couvent de Saint-David. D'ici, la vallée de la Koura paraît très large, l'on aperçoit distinctement les montagnes du Nord et les deux villes de Tiflis, l'ancienne et la neuve, celle du lucre et celle du plaisir. Au pied du funiculaire, la cathédrale de la garnison où, dimanche soir, nous avons entendu des chœurs.

Lorsque le funiculaire a terminé sa course, nous nous trouvons sur une vaste terrasse où l'on trouve restaurant-bellevue, chevaux de bois et cinématographe. Celui-ci représentait des vues choisies avec un éclectisme détestable ; les « manœuvres de l'artillerie française » faisaient suite au « coucher de Suzanne ». Mais les chevaux de bois étaient presque aussi amusants que la montagne russe à Moscou, au pied du mont des Moineaux. Ce sont passe-temps de voyageurs fatigués.

Brousse, 30/8/07

Nous avons quitté Tiflis le jeudi 22 vers minuit et demie. Nous étions installés dans d'assez médiocres compartiments en sorte que sans trop d'hésitation, j'ai, laissant à mes camarades le soin de dormir, mis le nez à la fenêtre et l'y ai laissé toute la nuit et la matinée. Le train a d'abord suivi la très étroite vallée de la Koura. Les stations, très vastes, étaient gardées militairement, mais pas un civil.

Dans l'un des buffets, une jeune femme géorgienne attend que quelque voyageur vienne lui demander à boire. Je vais. La bouche est petite, le nez aquilin irréprochable, l'ovale de la figure parfait, le vêtement d'un noir uni très simple et de bon ton. Devant elle une table nue, et, sur cette table, deux amphores d'une élégance toute hellénique. J'ai eu cette nuit là une vision de la beauté, comme on la comprenait aux temps anciens.

Deux heures plus tard, nous étions loin. Le train, doucement, montait. Côtoyant la ligne, la Koura ; les rives d'un affluent s'enfonçaient dans la brume, vers les monts mal connus, les sommets très noirs sur lesquels les nuages passent en grande hâte, comme s'ils avaient une mission à remplir ; mais leur vitesse est inégale ; quelques-uns comme fatigués de leur course s'arrêtent, se dissipent. En avant, près de nous, sur un rocher escarpé entre les deux rivières, un village qui dormait. Les toits rouges prenaient sous l'influence de la lumière incertaine de la lune, des couleurs singulières. L'aspect étrange de l'ensemble m'a rappelé un tableau de la galerie Tretiakoff à Moscou, une réplique de ces images, parfois fort bien faites, dont les Allemands du Rhin, de l'Elbe ou du Danube sont si friands.

Quand j'étais petit, je détestais, à l'instar de tous mes compatriotes, les cartes postales allemandes populaires ; je ne les « comprenais » pas et déclarais volontiers qu'elles étaient trop « grell », mot qui précisément n'est guère traduisible en français, ce qui prouve combien cette qualité prétendue mauvaise est peu commune chez nous. Eh bien ! ces duretés et ces contrastes de couleur et de lumière ne me choquent plus aujourd'hui. Les assemblages des « Drachenfelsen » et des « Mondscheine » et leur poésie barbare sont une réalité. Et leur contact réveille en nous des instincts, des élans et des goûts qui étaient ceux de nos arrière grands-pères, et dont l'influence est encore manifeste dans la vie nationale de la Germanie moderne.

Dans la vallée du Rion, près de Koutaïs, nous avons vu un très grand nombre de beaux types d'hommes et de femmes : des Imérètes et des Mingreliens. Hier de même, nous avons, de nos voitures, apercu quelques indigènes sur qui l'esthétique avait gardé ses droits ; la différence réside dans ce fait qu'entre Nicée et Brousse, la beauté semble plus chaude et plus vivante.

L'arrivée à Batoum par le chemin de fer mérite qu'on s'en souvienne. Le rail côtoie la mer que bordent des rochers et de beaux arbres, poivriers ou sapins. Certes ce n'est pas la Spezia, ni Menton, mais enfin, c'est très joli.

Batoum même est une ville sans originalité : moitié russe, moitié turque. Sur une plage de galets d'une belle étendue, toute la population masculine et féminine prend son bain dans le plus simple appareil. Des soldats sont présents qui sont censés faire la police. Nous avons hâte de quitter ce port où il fait lourd extrêmement et dont le climat est très malsain.

Nous avons vu le vice-consul. Le départ pour le Sud a été décidé ; il y avait des formalités à remplir ; elles ont demandé beaucoup de temps et d'argent. Enfin nous embarquons.

A peine en mer, le bon air nous arrive et nous nous sentons mieux. La vue est magnifique sur les monts boisés du Lasistan. Un jeune professeur de la faculté de médecine de Bordeaux a trouvé un moyen ingénieux de voyager gratis ; chaque année il s'offre à remplir pendant deux ou trois mois à bord d'un navire, et sur un parcours chaque fois différent, les fonctions de docteur. En cette qualité, il a grand soin de veiller à la bonne humeur constante des passagers. Il nous a vanté l'excursion à cheval de Batoum à Adjara. La contrée, disait-il, est magnifique ; bois et montagnes rappellent et valent les plus beaux coins des Vosges.

Le paquebot qui nous emporte est admirablement construit; malgré un vent violent, nous ne roulons que très peu. C'est l'*Iméréthie*, de la Cie Paquet.

A Trébizonde, le vendredi, nous avons eu un arrêt prolongé. Le coup d'œil sur la ville accrochée aux flancs de la montagne nous rappelle, à Major et à moi, des sensations déjà éprouvées lors de notre croisière à bord du *Vorwaerts*.

Parmi les passagers embarque un Anglais de 22 à 24 ans, mais qui parle si correctement le français que d'abord nous le prîmes pour un compatriote; puis un Arménien, gouverneur de Van, ville d'où il vient avec sa femme, ses bébés, ses domestiques. Le trajet a demandé quinze jours. La première section du parcours était très dangereuse, malgré l'escorte, car en ces temps de troubles, la région est infestée de Kurdes.

Le soir même nous avons sur Chiraz un ravissant point de vue, ce sont toujours les mêmes grandes montagnes boisées ; elles apparaissent noir-bleu, mais beaucoup plus bleues que noires : ainsi les paysages, arrière-plan ordinaire des peintures italiennes du XVIe siècle.

Il y eut dans la journée du 24 trois arrêts. Les chargements consistaient en d'innombrables caisses d'« œufs frais» à destination de Marseille.

Ces chargements se faisaient au large ; le transfert des caisses est, par une mer agitée, une opération fort délicate. Par bonheur, le matelot turc n'est ni un sot, ni un lambin. Il réussit parfaitement à comprendre le jargon de nos marins, et son activité est tout à fait remarquable ; quand on le voit travailler à bord de sa barque, on imagine difficilement qu'on se trouve en Orient.

A Samsoun, ville notable, il n'y a pas plus de débarcadère que dans les autres ports turcs de la mer Noire. Le séjour dans l'un quelconque des points de cette côte doit être peu agréable, tout confort est absent de ces agglomérations à l'histoire glorieuse, mais au présent découragé et incertain. Cette contrée n'est pas seulement pourvue de paysages de rêve, elle a aussi les éléments d'une grande prospérité matérielle. Mais il n'y a pas assez d'écoles, et les habitants les plus aptes à réaliser le progrès dans le commerce et les travaux des champs (les Arméniens) partent en masse pour la République Argentine. Notre navire emporte une quarantaine de ces malheureux ; on les a installés sur le pont supérieur, à l'arrière : dans les paquebots de construction récente, les passagers de première sont tous logés au centre-avant, ce qui laisse l'arrière libre pour les passagers de troisième et pour les émigrants.

A plusieurs reprises, nous avons eu l'occasion de bien rire. Le capitaine, un Orléanais, un de ces bougres qui ont passé leur vie en mer, est un énergique et un intelligent, mais dispose d'un dictionnaire tel que la plupart de ses saillies sont condamnées à rester inédites. Voici pourtant un mot de lui. C'était lundi matin, vers six heures et demie, en plein Bosphore. On aperçoit tout à coup sur la rive d'Europe une colonne trop haute et trop blanche, c'est un souvenir du passage de Guillaume voici quelques années : « En fait-il des manières, celui-là ! Mais si je me mettais à mon tour à faire ériger une colonne partout où je me suis arrêté cinq minutes ? Hein ! Mais le monde, monsieur, serait plein de mon nom. » — Cet homme aimable, grand et sec, s'appelait le commandant Boulle.

Dès huit heures, nous étions arrivés au Pera Palace ; notre installation, un bain, un passage dans la loge du coiffeur, la lecture de notre courrier et des gazettes occupèrent notre matinée. — L'après-midi, promenade en voiture. Impossible de visiter une mosquée quelle qu'elle soit. Le motif de cette interdiction est le mécontentement de certaines provinces vis-à-vis du laisser-aller de la capitale en matière religieuse. La foi est restée très vive en ce pays. A bord, nous avons vu chaque soir les passagers de pont faire leurs prières qui sont assez longues et compliquées. Il y aurait beaucoup à dire sur ce sujet, et ce pourrait être le point de départ d'un parallèle à établir entre les Turcs

Le Bosphore.

et les Russes qui sont bien aussi fatalistes et aussi fanatiques les uns que les autres, tout en étant naturellement bons et doux. Ces Orientaux, qu'ils soient Russes ou Turcs, se ressemblent beaucoup. La différence des deux peuples m'a paru résider

STAMBOUL. — La Fontaine d'Achmed III.

surtout dans des détails : le Russe préfère une tour à un minaret, le thé au café, le cheval rapide à un petit âne amusant.

Mardi nous avons vu la Sublime Porte. Au musée des antiques, nous avons admiré de toute notre âme les bas-reliefs de sarcophages découverts en Lycie ou à Sidon. Il y a dans cette sculpture une finesse, un achevé dont je ne pensais pas que les anciens, même grecs, fussent capables. Au musée des costumes, on trouve des éléments d'étude, si l'on tient à se rendre compte de l'évolution des vêtements en ce pays.

Au bazar de Stamboul, il y a, m'a-t-on dit, 4.200 boutiques. L'animation n'y est pas telle qu'à Boukhara, tant s'en faut ; l'architecture seule offre encore un intérêt véritable. On trouve ici de la brique, de la pierre, du bois ; les demeures ne peuvent donc ressembler à celles du Turkestan. On rencontre dans les galeries une foule d'étrangers, la plupart d'entre eux sont de langue française. Plusieurs de mes camarades ont quelque peine à admettre que tout marchand se croie obligé, une affaire conclue, de vous prendre une certaine somme pour frais de change, à moins que vous n'ayez la chance d'avoir sur vous le nombre de piastres ou de paras, complément ordinaire du prix principal ; c'est en effet une habitude singulièrement vexatoire pour les acheteurs étrangers, mais très profitable aux marchands : israëlites, grecs, arméniens.

Mercredi, réveil à quatre heures. A la nouvelle que l'ambassade ne pouvait nous assurer au prochain Selamlik le nombre de places désiré, nous avons décidé de partir dès ce matin au lieu de samedi pour notre excursion à Nicée et à Brousse. De mes fenêtres, je contemple un site merveilleux, un site unique au monde : Stamboul vu en raccourci, les dômes, les minarets chevauchant les uns sur les autres en profusion confuse et superbe ; dans un plan moins lointain, des points sombres et immobiles, des masses qui paraissent choses mortes : les navires de la marine impériale de guerre ; tout autour, la nappe de la Corne d'or, un cercle de lapis ; plus près enfin, sur les pentes de Péra, un cimetière bien petit, bien vieux, bien oublié.

Vers cinq heures, je descends de cet observatoire pour prendre au pont fameux qui relie Stamboul à Péra le bateau qui doit nous mener à Scutari, ou, plus exactement, à Haïdar Pacha, tête de ligne du chemin de fer d'Anatolie dit de Bagdad. A cette heure, le Bosphore est interdit aux vaisseaux, il repose tranquille entre ses rives endormies, et ses eaux paraissent nonchalantes, douces, heureuses.

Nous prenons en hâte un peu de café, de pain et de raisin — repas délicieux — et à six heures trois-quarts, nous voici en route dans un grand wagon-couloir de seconde, confortable autant que spacieux, clair et même élégant : il va sans dire que ni la fabrication, ni le type ne sont français, mais allemands-néerlandais. Si le patriote peut éprouver quelque regret à cette constatation, le voyageur, au contraire, se félicite, puisque d'après une règle qui, par malheur, ne comporte aucune exception, le wagon français de la seconde classe est invariablement laid, obscur, incommode.

Le conducteur ne comprend que le turc ; c'est un brave homme, ce me semble, et il a sur ses confrères russes la double supériorité de ne pas s'enivrer et de ne pas se laisser corrompre pour un quart de medfidié (40 à 50 kopeks). Mais la plupart des employés parlent couramment notre langue, restée officielle dans toutes les administrations ottomanes, et que la direction même de la Compagnie allemande du chemin de fer allemand d'Anatolie a dû adopter.

D'abord nous côtoyons la mer ; nous avons sur les îles des Princes, et surtout un peu après ces îles, quelques délicieux points de vue. Entre Pendik, Gebse et Ismid, on suit le rivage nord d'un golfe profond, mais étroit ; au Sud, on distingue ce que les Bavarois appellent volontiers un « wunderschönes malerisches grünes Bergland ». Ici ont vécu Hannibal, Pline le Jeune, Septime Sévère, Constantin le Grand, le général Bélisaire, les sultans Mohammed II et Sélim Ier. Ce paysage maritime est comparable aux plus beaux de l'archipel de Grèce ou du nord-ouest de l'Écosse ; il est moins sauvage, plus vivant, tout aussi ignoré.

Au buffet d'Ismid, nous prenons un raisin excellent, et dont la forme rappelle à Major et à moi une aventure qui mérite d'être contée.

C'était en août 1898, nous voyagions en Syrie,

en compagnie de l'auteur fameux d'une vie de Jésus, réplique à l'essai de Renan (1). Un soir, sur le sentier qui mène de Capharnaüm aux sources du Jourdain, nous avions trouvé notre campement installé dans une plaine, aux portes d'une colonie juive d'agriculteurs et de pâtres. Deux heures plus tard, parvenait au camp un panier d'un raisin merveilleux, et ce billet d'envoi : « Veuillez recevoir ces fruits, hommage d'un compatriote. Signé : Dreyfus. » — On était à cette date en pleine « Affaire », et notre illustre compagnon avait saisi peu de semaines auparavant cette occasion pour prononcer en présence du généralissime en uniforme un discours resté célèbre. Le geste de l'homonyme du futur condamné de Rennes empruntait à ces circonstances une coquetterie qui faisait grand honneur à celui qui s'en montrait capable.

Nous continuons à voir sur notre droite de très belles montagnes boisées et traversons un défilé sévère. A Mékedsché, humble village, nous descendons du train et montons en calèche pour Nicée. Il est trois heures. Route sans intérêt et fatigante. A huit heures et demie, nos deux carrosses, traînés chacun par un trio de bêtes qu'un

---

(1) *Jésus-Christ,* par le père DIDON, des frères Prêcheurs,

voyage nocturne a déjà surmenées, nous déposent devant un petit homme, de nationalité italienne, le signor Fabiano. C'est le propriétaire de l'hôtel de Nicée, disons mieux : une cour et une grange qu'éclairent mal des chandelles. Introduits aussitôt, nous demandions à manger « quelque chose ». Le savoir faire de notre hôte fut tel que vers neuf heures nous avions devant nous un pilaff, des œufs sur le plat et du raisin. Entre temps, on nous préparait draps et couvertures, de telle sorte que nous nous sommes levés reposés et de bonne humeur, tandis que nous croyions périr de privations. L'hôte nous montra son livre d'or, il s'y trouvait des noms illustres et des appréciations flatteuses. Je fus prié par mes camarades de m'essayer à continuer la tradition. En notre nom à tous, j'écrivis donc en 12 ou 15 lignes un éloge qu'on voulut bien déclarer éloquent. L'était-il vraiment? Lorsqu'eut sonné le quart d'heure de Rabelais, on ne s'entendit point. La discussion aurait pu s'éterniser, voire même dégénérer en mots malsonnants, si le major n'avait eu l'idée très bizarre, mais efficace, vous l'allez constater, de faire quérir le livre d'or et d'ordonner à notre interprète la traduction en grec de la page que j'avais écrite. Notre hôte, plus soucieux de sa renommée que de son salaire, accepta alors joyeusement la réduction voulue.

Nicée n'est qu'un petit village, mais ses ruines

ne sont pas sans grandeur. Ç'a été une capitale et une forteresse, en même temps que le siège de deux conciles dont un est resté fameux. Partout des fontaines avec de l'eau claire. Il y a de beaux types de garçons et de filles, mais c'est une chance de les

Le lac de Nicée.

avoir rencontrés dans notre course rapide autour et à l'intérieur des diverses enceintes des Nicées défuntes ou moribondes. A l'ouest du village et à perte de vue s'étend un lac d'un bleu très pâle ; au rivage nord-est, un obélisque témoigne du passage de Cassius il y a près de deux mille ans. Dans la mosquée Esref Sadé Dschami, se trouvent aux murs des faïences de couleurs variées, œuvre

Brousse. — La Mosquée Verte.

de 500 captifs persans. C'est le cyprès que ces artistes ont le plus volontiers et le plus souvent reproduit en leur travail. — Très voisine est la mosquée verte « Jeschil Djami » dont le portail et le pourtour en marbre, et le minaret qu'ornent des faïences vertes, sont ravissants de perfection.

Avant notre départ, nous allâmes saluer un personnage du rang de général de division, un homme de trente-cinq ans à peine, l'évêque grec de Nicée. Il nous adressa un discours de nature à conquérir nos cœurs. Il pria les représentants de la noble nation française et de la démocratie voulue par le Christ de ne pas trop oublier la petite Grèce, cette nation dont partout on persécute les enfants...

Pour entrer dans Ismik (Nicée) par la grande route de Mekedsché, il faut passer sous maintes voûtes antiques ; pour sortir par la route de Brousse, on traverse des jardins bien clos d'épaisses broussailles, et par cent tours et détours, on arrive au bord sud-est du lac. Puis la route s'élève aux flancs d'une montagne jusqu'au village de Pambudschak. De garde au col, des gendarmes ; en braves gens qu'ils sont, ils offrent à boire à nos cochers et à nos bêtes. Pendant ce temps, nous emplissons nos yeux du panorama que constituent le lac de Nicée, les montagnes qui le bornent au Nord et les pentes que nous allons quitter : c'est un double de la vue du lac de Tibériade. C'est assez dire que n'était l'éloignement de toutes ressources, on planterait volontiers sa tente en ces lieux.

A toute vitesse, ensuite, nous descendons au sud. Près d'une source, presque entièrement enfoncés dans la vase de la mare prochaine, des buffles, de grands buffles noirs comme on en voit tant à Tiflis. Et puis nous entrons dans Jenischer. Il est midi et nous pouvons nous vanter de n'avoir pas perdu notre temps. Le caravansérail nous garde donc jusqu'à deux heures, et de nouveau les chevaux nous emmènent, et assez vite, attendu que les cochers sont venus de Brousse pour nous chercher et qu'après trois jours d'absence, ils ont hâte de retrouver leur foyer. Il fait un soleil de feu et jamais nous ne pourrions arriver avant la nuit si, par bonheur, le dernier préfet de Brousse n'avait créé des postes et des relais.

La vue sur les montagnes au nord est parfois très jolie, mais ce qui est vraiment beau, c'est la chaîne de l'Olympe, de l'Olympe de Bithynie dont on s'approche en même temps que de Brousse. A cette époque de l'année, toute trace de neige a disparu, et l'on a peine à croire que la hauteur de 2.300 mètres soit dépassée par ce mont qui s'élève non sans audace au milieu d'une plaine assez vaste.

Nous croisons des chariots traînés par des bœufs, des paysannes chargées de fagots, et surtout des messagers retour de la ville, où chacun, perché sur un âne courageux, s'est rendu pour vendre les provisions enfouies dans de vastes paniers de part et d'autre de la selle. Nous traversons toute la ville pour nous rendre à l'hôtel d'Anatolie ; nous y sommes reçus par Mme Brotte. Ce nom ne vous dit rien, très certainement, mais il est célèbre dans tout l'Empire ; c'est celui d'une Française, veuve d'un industriel qui possédait en cette ville des tissages renommés ; l'influence du défunt était immense, il la mit au service des idées et du prestige français. Il était le chef reconnu de notre colonie, fort notable tant en nombre qu'en qualité. Aujourd'hui nos compatriotes ne sont plus seuls à tisser, les Allemands aussi ont installé des fabriques. Les articles en soie de Brousse les plus justement fameux sont les peignoirs et les serviettes ; nous en achetons un bon nombre au bazar qui est riche, clair, aéré ; il est malheureux que l'on doive y marchander avec autant d'ardeur qu'à Tiflis ; c'est encore aux bazars de Samarkand et de Boukhara que nous avons eu affaire aux marchands les plus honnêtes, je veux dire les plus raisonnables.

C'est à Brousse que l'on trouve ce monument vingt fois décrit : « la Mosquée verte ». Imaginez une cathédrale byzantine, de formes extérieures très rudes. Vous entrez : le contraste est complet. C'est une profusion inouïe de marbres sculptés, de faïences précieuses et d'inscriptions dorées sur fond vert. Tels détails des fenêtres ou du Mihrab (niche à prière) sont des chefs-d'œuvre de délicatesse, de patience et de goût. Et au milieu de cette demeure sacrée un bassin, une fontaine que recouvre à peine une coupole élevée, gracieuse, légère, mais impuissante pourtant à faire oublier Sainte-Sophie de Constantinople.

Voisins de la Mosquée verte se trouvent un certain nombre de « turbés » ou chapelles mortuaires : le « Ieschil Turbé » est une construction octogone toute revêtue de faïences d'un vert si clair et si tendre que de les regarder donne à l'âme comme un avant-goût du repos, de la paix, de la joie profonde. Dans le turbé de Musa les carreaux de faïence offrent toute la gamme des nuances du vert, l'ensemble est très harmonieux ; au turbé de Djem domine le bleu grisâtre. Mais le plus joli, le plus simple, le plus poétique des turbés est celui de Mourad. Quatre piliers aux chapiteaux de Corinthe bornent un carré de quatre mètres de côté ; dans chaque intervalle, une colonne ; au milieu du carré quatre plaques de marbre blanc, disposées en rectangle et qui contiennent un humble tas de terre où repose le sultan. La coupole du turbé est largement ouverte en son milieu, en sorte que l'eau du ciel en tombant donne à cette terre une impression de fraîcheur.

Le fait que tout le monde : Grecs, Juifs, Arméniens et Turcs parle français, l'existence de très bonnes routes, chose rare en Turquie, le grand nombre d'usines mécaniques, l'aspect propre et rajeuni de maisons en bois et de construction d'ailleurs fort ancienne, tout cela — sans parler du climat et du voisinage doublement appréciable de la mer et de la montagne — donne à Brousse comme un air de ville privilégiée.

Sans nous arrêter aux cafés qui ont sur le bord du torrent, tout auprès de notre consulat, une situation pittoresque, nous nous faisons conduire aux bains turcs. Ce sont de vieux et immenses bâtiments dont le luxe nous semble un contraste singulier avec les pauvres salles que nous vîmes à Boukhara, dans une ruelle perdue du bazar. Dans une chambre commune d'où l'on a vue sur la plaine, nous entrons tous les six, mes camarades et moi. Pour chacun de nous, un sofa est préparé. Libres de nos vêtements, nous passons en la salle publique où chacun peut faire à son gré des réflexions. De là nous gagnons une rotonde où l'on commence à étouffer, puis une autre où les masseurs nous attendent. Successivement nous nous livrons à eux dans de petits cabinets où la victime est seule avec son bourreau : le sacrifice est délicieux. Revenus dans la salle précédente, nous nous livrons à mille ébats dans les bassins de marbre où l'eau, de température très variable, est toujours claire. Fatigués, nous allons à la douche, et de là sur nos lits. Des serviteurs pleins d'attentions nous enveloppent de peignoirs moelleux et de serviettes sans nombre, cependant qu'en des tasses minuscules on nous offre du café. Des parfums de narghilé emplissent la chambre, c'est l'oubli, le rêve, le nirvana.

Une heure plus tard, la fête était passée ; nous revenions au sentiment de notre devoir, grimpions les pentes de la ville, jusqu'à l'hôtel, et nous nous préparions au départ du lendemain.

31 août

Le chemin de fer qui, de Brousse, descend vers la mer, n'est, en réalité, qu'un tram à vapeur, un joujou qui, au travers des plantations de mûriers, d'oliviers et de vignes, avance et tourne sans se lasser. Tout de même, on arrive à Moudiana ; ici nous attend un vapeur grec, quelque yacht transformé.

Au joli port d'Armudli, le bateau stoppe et repart aussitôt. Nous avons sur notre droite les montagnes qui, mercredi matin, nous avaient, de loin, paru si belles ; mais elles s'éloignent vers le nord-est, tandis que nous avançons droit au nord, vers un point situé quelque part entre San-Stephano et Stamboul, quitte, un peu plus tard, à

5**

obliquer à droite, légèrement, vers la pointe du Sérail.

Que tous les refuges de la beauté du monde disparaissent tour à tour, c'est fatal et ne m'importe si du moins Stamboul demeure, Stamboul joie des yeux, patrie de l'art vivant : ta nonchalance me plaît, ta douceur me pénètre, ta sérénité me rend meilleur ; tu es Rhodes et Naples et Venise tout ensemble, et les dix minarets de tes deux grandes mosquées (1) aux énormes coupoles font de toi la reine des cités. Ce rapprochement, à la clarté d'un ciel si pur, de la force et de la grâce, des robustes piliers et des frêles galeries aériennes, en flirt avec les nuages, cette vision d'ensemble et les flots d'un bleu accentué mais caressant de la mer de Marmara font tressaillir le jeune homme.

Deux heures après notre arrivée à Constantinople, nous revenions de l'hôtel ; nous prenions passage sur un bateau bondé qui fait le service des Iles des Princes, en Marmara ; de ces îles, Prinkipo est la principale : c'est là que nous débarquons vers six heures, ce soir ; à tout hasard nous nous rendons à l'hôtel de Calypso, nom poétique et parfaitement justifié.

---

(1) La mosquée du sultan Achmed I et Sainte-Sophie.

2 septembre

Nous avons passé la journée d'hier à Prinkipo. C'est la villégiature à la mode pour les juifs et les chrétiens de la capitale. La ville est donc remplie

Prinkipo. — Une promenade à âne.

de villas, quelques-unes fort luxueuses, et d'équipages. Nous avons profité du beau temps pour faire à âne une excursion qui, faute d'espace, ne put dépasser deux ou trois heures. Il y eut des matchs de vitesse et vous pouvez croire que nous nous sommes amusés à souhait; chacun de nous paya sans marchander les sept piastres convenues.

Il serait injuste de ne pas noter que, du sommet de l'île, près du couvent de Saint-Georges, la vue est très agréable sur la mer, les côtes d'Asie, et les îles d'Antigoni et d'Halki ; pourquoi faut-il qu'en cours de route nous ayons entendu des gamins

PRINKIPO. — Une vue sur la mer.

chanter, crier plutôt les couplets de la « Tonkinoise » ?

Comme on devait, le soir même, fêter l'anniversaire de S. M. I. le Sultan, nous étions, dès sept heures, de retour dans la capitale et partions à neuf heures pour Yildiz. Le Bosphore, les monuments, même les maisons des particuliers étaient brillamment illuminés, et les rues pleines de monde ; nos voitures avaient peine à se frayer un chemin.

Aujourd'hui, vers trois heures, nous avons débarqué à Scutari. Au sortir de la ville, nous pénétrons dans un immense royaume de tombes

Stamboul. — Fontaine offerte par l'Empereur Guillaume.

abandonnées et de cyprès centenaires ; à l'extrémité de l'avenue principale, deux petits corps de bâtiments ; c'est une léproserie : nous entrons. Le docteur turc nous reçoit et nous montre ses malades. « La lèpre, nous explique-t-il, est inguérissable, mais non pas contagieuse. Je vis ici depuis vingt ans avec ma femme et mes enfants ; aucun de nous n'a jamais eu le moindre bouton. Mais voici, Messieurs, une preuve plus décisive. Regardez cette malheureuse créature ; elle est l'épouse d'un homme sain : de cette union sont nés des enfants, adultes aujourd'hui et parfaitement indemnes. »

Mardi 3 septembre

A huit heures, ce matin, trois de mes camarades et moi sommes montés à cheval ; par le pont vieux nous avons gagné le château des sept tours, à l'extrémité sud-ouest de Stamboul ; la visite de ces ruines n'offre aucun intérêt ; mais non loin des remparts d'autres spectacles, plus modernes et de genres très différents, attirent et retiennent notre attention. Ce sont d'abord des champs de tomates, elles se vendent un sou les 1.250 grammes ! Et ceci me rappelle que dans un village près de Brousse, nous avions eu envie de trois melons d'aspect succulent ; interrogé, le marchand répondit avec timidité qu'il les céderait ensemble pour une piastre, soit environ 22 centimes ! D'une manière générale, la vie est très bon marché, mais tend à renchérir.

Nous avons assisté ensuite à des exercices à

rangs serrés par des sections d'infanterie ; elles manœuvraient à l'allemande et sans enthousiasme.

Nous avons constaté aussi que pour construire même la partie haute des maisons, les entrepreneurs se servent d'un plan incliné que gravissent les ânes chargés de briques ; l'organisation de ce

CONSTANTINOPLE. — Une porte.

va-et-vient est sans doute plus économique ou plus rapide que l'usage de grues ou de poulies.

Enfin le nettoyage des rues n'est plus, comme il y a neuf ans, organisé exclusivement par les chiens ; les rues sont même très propres ; et, comme conséquence, le nombre des chiens a diminué.

La route qui suit les remparts est excellente, et nous avons pris plaisir à galoper un peu. Nous rentrons en ville pour visiter la mosquée dite « des Mosaïques ». Vous savez que la religion musulmane défend de représenter la figure humaine; aussi les vieilles œuvres d'art de cette mosquée avaient-elles été recouvertes d'un consciencieux badigeon. L'empereur d'Allemagne ob-

BYZANCE. — Murailles en ruines.

tint la restauration de cette ancienne chapelle des chrétiens, il obtint même de s'y rendre; en sorte qu'aujourd'hui la mosquée est considérée comme profanée et montrée sans remords aucun par le mollah de service. L'excellent homme s'exprima en ces termes : « La mosquée vieille de 1614 ans. Voyez ici sainte Marie; là, le bébé Jésus-Christ. Plus loin, la fuite en Égypte et saint Joseph montrant ses passeports, etc., etc. »

Eyoub. — Le cimetière chanté par Loti.

Ce parler amusant ne nous empêchait pas, d'ailleurs, d'admirer les mosaïques, très dignes d'être comparées à celles de Venise et du Kremlin à Moscou.

Une heure plus tard, nous montions les pentes qui conduisent à Eyoub, vers le vaste enclos plein de morts. Et voici qu'aux premiers plans, tout près de nous, il y avait les milliers de stèles, les unes droites, les autres s'inclinant déjà, mais toutes étranges. Sur la colline opposée, un cimetière moins fameux, moins remarquable, mais plus grand : celui des Juifs. Entre eux deux, la Corne d'or et sa courbe tranquille.

Nous revenons vers Stamboul. D'abord, ce furent les avenues bordées de tombes, de kiosques funéraires, d'exquises fontaines, puis les rues désertes et mal pavées où les chevaux glissaient, enfin les quartiers grouillant de monde, où l'on aperçoit encore de très vieilles demeures aux chiffres peu lisibles, aux barreaux disjoints, mais demeures solides en leur vétusté et fières d'avoir appris tant de choses et gardé au cours de lustres si nombreux, les lignes et les détails qui les ont faites belles.

Une fois de plus, j'ai ressenti ce matin, profondément, le charme de l'Orient.

Trois heures nous voit flâner aux Eaux Douces d'Asie, mais depuis que Loti les a chantées, elles ont perdu de leur mystère, et, en définitive, je leur préfère mille fois le retour à Péra par le Bosphore, quand le soir tombe. Avec force, le vent souffle, le courant rapide nous emporte, les jardins, les bois, les palais défilènt devant nous,

PESTH. — Le Palais du Parlement.

tandis que, là-bas, au dessus de Stamboul, le grand disque rouge descend ; la lumière devient étrange ; les eaux, toujours agitées, toujours souffrantes, semblent violettes ; et, dans les minarets, on se prépare à la prière.

Mercredi 4 septembre

— « Monsieur, vous avez encore très exactement deux minutes ! » Ainsi me parlait à trois heures, à la gare de Constantinople, le conducteur de l'Orient-Express. — Je solde en hâte une dizaine de cafés turcs, et en route pour Buda-Pesth ! Nous côtoyons un moment la mer admirable, la Marmara, les remparts sont franchis, l'humble et joli port de San-Stephano disparaît à son tour ; des centaines et des centaines de cigognes passent : une fois encore nous quittons l'Orient, pour rentrer en Barbarie, pardon ! dans la vie moderne.

Nous laissons derrière nous beaucoup de jeunesse, d'émotions, de bonheur ; la vie va faire place au souvenir.

CONSIDÉRATIONS SUR LA RUSSIE

I

L'absence de liberté, le soin que prennent tous ceux qui vous entourent d'agir, de parler conformément à la règle établie, la violation permanente des indications de la conscience, voilà ce qui frappe et peine le voyageur en Russie.

Ce pays ressemble à un enfant mal né. Il n'a pas, comme les autres peuples de l'Europe, participé aux croisades : la noble influence des chevaliers s'est arrêtée en Pologne avec celle du catholicisme. Ainsi, quoique dans l'origine, les deux nations polonaise et russe, sorties de la même souche, eussent entre elles de grandes affinités, le résultat de l'histoire, qui est l'éducation des peuples, les a séparées si profondément qu'il faudra plus de siècles à la politique russe pour les confondre de nouveau qu'il n'en a fallu à la religion et à la société pour les séparer.

A chaque pas que l'on fait chez les Russes, on se rend compte que l'influence du catholicisme a manqué à ce peuple asiatique. Il n'a pas été formé à cette brillante école de la bonne foi dont l'Europe chevaleresque a su si bien profiter.

L'histoire de la Russie est fort vilaine. Ce pays est demeuré trois cents ans dans une sorte de servitude dégradante sous la domination des Tatares (1) pour retomber ensuite sous le joug prussien des Romanoff. Cette dynastie a supprimé la noblesse héréditaire, seule gardienne des traditions politiques, pour ne reconnaître plus que la noblesse de service ou de servitude. Ainsi le gouvernement est devenu une monarchie absolue, tempérée par l'assassinat.

Et sans doute la centralisation et la bureaucratie n'ont pu jusqu'aujourd'hui absorber les églises non orthodoxes; le prêtre catholique se distingue du misérable pope; et le souci de maintenir la paix dans un empire démesurément accru en Asie a obligé de laisser en fait aux musulmans une entière liberté religieuse. Mais tout de même, la bureaucratie regrette ces concessions obligées; elle réagit parfois, et brutalement. C'est ainsi qu'en octobre 1907, sans motif comme sans jugement, l'évêque catholique de Wilna a été exilé de son diocèse.

J'ai expliqué pourquoi je considérais les Russes comme des Orientaux, mais il faut convenir que,

(1) ROHRBACHER. *Histoire de l'Église*, t. XXV, p. 616 et t. XXIX, p. 425.

géographiquement, la séparation entre l'Europe et l'Asie se trouve quelque part entre le Volga et l'Oural. D'un côté c'est la steppe, de l'autre le désert.

La steppe est bien un désert, mais d'aspect particulier ; au printemps, c'est une mer de fleurs, en été ou en automne, c'est une plaine sans fin qu'en hiver la neige recouvre de toutes parts ; à toute époque on se trouve dans la steppe loin du bruit, loin du monde, loin aussi de toute ressource ; on ne peut que boire ou penser et pleurer. La steppe explique le mysticisme des slaves.

Du désert, on ne peut pas dire qu'il soit triste, il il est effrayant. Parcourir la steppe fait envisager la vie sous un certain jour qui n'est pas le plus gai ; traverser le désert donne le sentiment que la mort vient vers vous, prochaine, inévitable. Aussi je m'explique à merveille, pour l'avoir ressenti, l'enthousiasme des pionniers enfin parvenus dans une oasis.

Les habitants de ces oasis ont une intelligence excessivement souple, subtile, mais incapable des hautes opérations de l'esprit et, par exemple, de l'induction scientifique. La mentalité des Orientaux est toute en adresse. Comme dirait Pascal (1),

---

(1) Dissertation sur l'esprit géométrique et l'esprit de finesse. Voir aussi dans *La Connaissance de Dieu et de soi-même*, de BOSSUET, ch. I, XI : « La différence d'un homme d'esprit et d'un homme d'imagination. »

l'esprit de finesse a été développé chez eux aux dépens de l'esprit géométrique, disons : de la dialectique. De là, dans leurs monuments cette perfection et comme ce génie du détail, et, par contraste, cette absence de grandes lignes d'ensemble.

On raconte que Saladin invita une fois dans sa tente son adversaire Richard Cœur de Lion. Le sultan, prenant son cimeterre, découpait avec élégance et dextérité une pièce de gaze. Richard, pour toute réponse, tranchait une barre de fer avec sa lourde épée et ajoutait : « J'aime mieux mon coup normand. »

Le coup normand, c'est la dialectique de l'Occident triomphant de la subtilité arabe; c'est Thomas d'Aquin perçant à jour les arguties d'Averroës ; c'est la puissante et énergique architecture symbolique des grandes églises de Caen et de Notre-Dame de Paris, écrasant de leur supériorité la délicatesse ravissante mais efféminée des mosquées de l'Islam.

Le coup normand, c'est cette induction scientifique des Newton, des Leibnitz, des Pascal, des Képler, des Galilée, créant des sciences que les philosophes arabes, si grands qu'ils fussent, ne pouvaient même soupçonner.

Ce n'est pas qu'il y ait chez les Orientaux une infériorité de race; mais il leur a manqué un enseignement approfondi des hautes questions religieuses, ils n'ont pas acquis l'habitude de considérer les choses à un point de vue spiritualiste, ils sont devenus incapables des hautes conceptions de la pensée. Peut-être cette inaptitude pourrait-elle disparaître le jour où de véritables missionnaires prêcheront à ces peuples en la commentant la parole de liberté qui est pour tous les hommes (1). Mais aujourd'hui ils sont déprimés et déprimés séculairement par une religion basse qui ne leur promet dans l'autre vie que l'assouvissement matériel des appétits les plus grossiers.

« Quel est ce paradis que Mahomet promet à ceux qui se font tuer pour sa cause ? Voici le tableau que lui-même nous en fait dans plusieurs chapitres de son *Alcoran*. Ils seront introduits dans les jardins de délices où coulent des fleuves d'une eau incorruptible, des fleuves d'un lait inaltérable, des fleuves du miel le plus pur, des fleuves d'un vin qui frappe agréablement le gosier (*Alcoran*, chap. 47). Ils y reposeront sur des lits de soie brochés d'or ; ils auront à leur disposition des fruits magnifiques, des viandes, des oiseaux. Se lèvent-ils de table ? ils expirent comme un

(1) « Vos in libertatem vocati estis fratres... Per charitatem Spiritus, servite, in vicem. » (Saint Paul aux Galates, 5, 11.) « Vous, frères, vous êtes appelés à la liberté... Soyez serviteurs les uns des autres par la charité de Dieu. » Ces paroles se trouvent gravées en lettres d'or sur le tombeau de Guillaume Tell, à Bürglen, dans le canton d'Uri.

parfum ce qu'ils ont mangé, et peuvent se remettre à un nouveau festin avec plus d'appétit encore.

« Ils y auront chacun pour compagnes quatre vingt-dix houris aux grands yeux noirs, belles comme des rubis et des perles, fraîches comme la rosée du matin ; elles seront leurs épouses et ne cesseront pas d'êtres filles. C'est-à-dire que le paradis de Mahomet n'est au fond qu'une honnête maison de débauche et qu'il consiste dans les sales voluptés du libertinage, exemptes des devoirs de la paternité : ce qui est quelque chose au-dessous de la brute. Voilà ce que Mahomet fait jurer à Dieu, par l'*Alcoran*, de donner à ses élus (*Alcoran*, ch. 18, 44, 55, 78 (1). »

Il existe cent soixante-dix millions de créatures raisonnables, alléchées et plus ou moins fanatisées par ces facétieux mensonges ! Quelle preuve de la sottise comme aussi de la bestialité humaine ! Et cependant, il faut que nous ayons dans notre nature un singulier fond de bonté, pour que les malheureux sectateurs d'une religion aussi corruptive, qui flatte avant tout la luxure et la cruauté, ne soient pas bien plus mauvais qu'ils ne sont.

Car, au premier aspect du moins, les musul-

---

(1) ROHRBACHER, *op. cit.*, l. XLVIII, t. X, p. 30 et 31.

mans ne semblent pas bien méchants. Même, ces populations sont très douces, mais malléables précisément en raison de leur douceur, et assez faciles à fanatiser ; aussi ont-elles fourni d'innombrables recrues aux armées de Gengis-Khan et de Tamerlan. Un Russe, M. de Tchikatcheff, signale les peuples qu'il a observés dans l'Altaï oriental (et ceci se peut appliquer également aux Tatares du Volga et de l'Oural) comme étant excessivement timides et disposés à se laisser dominer de la manière la plus passive, dès qu'ils se trouvent en rapport avec un homme énergique. Les conquêtes de Gengis-Khan et de Tamerlan ne sont pas aux yeux de M. Tchikatcheff, en opposition avec cette manière de voir, et ne seraient dues qu'au génie particulier de ces deux grands princes, et nullement au courage de leurs sujets (1).

Des tribus errantes et encore primitives qui, depuis de longs siècles, vivent de leurs troupeaux, on peut dire mieux : elles sont restées soumises au régime patriarcal et observent le décalogue, ce fondement de la constitution essentielle de l'humanité. L'Islam a conquis et profondément altéré ces nomades, mais sans leur faire perdre toutes les notions de la morale naturelle.

Toutefois, il ne conviendrait pas de se fier outre

(1) LE PLAY. *La Constitution essentielle de l'Humanité*, ch. III, § 3, et *passim*.

mesure à l'apparente placidité de ces tribus fixées ou nomades : il n'est pas un Européen ayant habité tant soit peu l'Orient qui ne signale chez les indigènes un tempérament volcanique : très calmes aujourd'hui, ils seront demain, on ne sait pourquoi, pris de passions furieuses et féroces.

II

Absolument distinct de tout le reste de l'Empire est le Caucase, pays aux peuples multiples, presque tous mal assimilés par le vainqueur.

Dans les centres montagneux, nous rencontrons à la fois la source des fleuves et, pour ainsi dire, la source des races, parce que c'est dans les montagnes que l'on retrouve dans leur pureté les types primitifs des populations qui sont venues y chercher un refuge. Aussi est-ce dans le Caucase et aux alentours que nous sommes le mieux placés pour étudier la singulière composition ethnologique de l'empire moscovite. Si, comme l'enseigne M. de Quatrefages, « la Providence a voulu que les différentes nations fussent mêlées et brassées en quelque sorte dans le règne hominal, et que le métissage amenât, en général, un type résultant supérieur à chacun des types composants », on peut dire que les éléments ethnographiques, aussi riches que variés, de l'État russe sont disposés pour constituer une race de premier ordre.

Voici, dans la Géorgie et la Circassie, les plus beaux types de la race blanche. Voici, d'autre part, des sémites, s'il est vrai qu'il existe dans le Caucase une colonie juive, venue avant l'ère chrétienne (1). Voici des Arméniens, blancs aussi, fils de Japhet et, selon les savants, très proches parents des Celtes, mais parents de vilaine réputation dans tout l'Orient. Voici des Tatares, aux pommettes saillantes, bruns, de taille médiocre, mais robustes, rappelant nos Auvergnats; croirons-nous, avec certains anthropologistes, qu'une parenté relie cette race orientale avec les populations d'une partie de la France? Ou bien cette ressemblance de formes n'est-elle pas due aux influences du sol? Ce qui viendrait à l'appui de cette dernière explication, c'est que les mêmes analogies existent entre les chevaux, petits, très vigoureux des Tatares, et les poneys ou chevaux bretons.

Voici quelques spécimens de la race finnoise qui peuple la Finlande, race aussi appelée ouralienne et que certains savants regardent comme un rameau de la race turque, lequel, par l'effet du climat du nord, aurait pris la livrée blonde,

---

(1) Cf. *Le Grand Atlas*, avec figures coloriées, œuvre de M. DE PAULY.

mais sans perdre sa figure anguleuse moins belle que celle des Européens et des Araméens (1). Enfin, à l'Ouest du Caucase, dans le Sud de la Russie, on trouve certainement des métis des races slaves, byzantines et grecques.

Certains Slaves réclament comme leurs compatriotes les anciens habitants de la Macédoine et du nord de la Grèce, lesquels, pour parler grec, n'en auraient pas moins été des Slaves. Les Bulgares tiennent Justinien, Alexandre, Orphée, pour gens de leur race ! Ils pourraient avec autant de raison revendiquer pour leur le précepteur d'Alexandre, le stagyrite Aristote, ce philosophe si différent de Socrate et de Platon. Les Slaves ne pourraient-ils de même revendiquer Leibnitz, tant à cause de son nom qu'à cause de son génie clair, limpide, subtil, sans poésie, et qui n'a rien d'allemand ? — D'autre part, Léon XIII, dans un discours (2) à des pèlerins slaves, leur rappelait que l'écrivain saint Jérôme était leur compatriote (3).

La Russie possède tous les éléments capables de

---

(1) Cf. D'HALLON, *Des Races humaines à rameau scythique*, p. 99.

(2) 5 juillet 1881.

(3) Saint Jérôme avait un caractère difficile, il s'en excusait en disant : « Que voulez-vous ? Je suis Dalmate. » — Cf. les *Lettres de saint Jérôme à saint Augustin*, et *Voyage sentimental aux pays slaves*, par CYRILLE.

former un ensemble puissant et magnifique, le jour où l'autocratie russe, charpente colossale et bientôt vermoulue, se sera écroulée. Les matériaux de l'empire futur sont excellents. Le général Trochu qui, avec le grade de colonel, avait assisté à Sébastopol, disait volontiers : « les Russes sont bien les premiers soldats du monde ». Admettons au moins que leur énergie vaut celle des autres peuples.

La forme de l'énergie russe paraît être avant tout la patience, une patience héroïque. Et comme Napoléon, dans ses mémoires de Sainte-Hélène, dit que la première qualité du soldat, c'est la patience, et que la bravoure ne vient qu'en seconde ligne, on conçoit que, par le seul mérite de sa patience, sans parler de sa bravoure, le Russe ait pu être, jadis, considéré comme le premier soldat du monde.

Seulement, cette patience confine à l'apathie ; peut-être est-ce l'effet d'un climat rigoureureusement froid qui engourdit jusqu'à les paralyser les facultés de l'homme.

Comme chez les Orientaux (1), l'esprit est lent, mais excessivement souple et fin ; ils sont d'incomparables polyglottes, ils sont aussi ou ils pourraient être, s'ils cultivaient leurs dons, des diplomates redoutables.

---

(1) Cf. même partie, pp. 183-184.

III

Le mal originel dont souffre la Russie est le despotisme qui engendre l'anarchie ; la conséquence est une oscillation perpétuelle entre le manque et l'abus, entre le trop et le trop peu.

Ce fait que gouvernants et gouvernés ont désappris le principe : « Rendez à César ce qui est à César et à Dieu ce qui est à Dieu » est la cause durable du despotisme. Il est regrettable que les sujets du czar n'aient pas eu en tout temps la fermeté nécessaire pour résister légalement au pouvoir, chaque fois que celui-ci a tenté de briser ses limites naturelles. Aucune distinction des pouvoirs n'existe dans ce pays, et non pas même la distinction (pourtant fondamentale chez un peuple jeune) du pouvoir civil et du pouvoir religieux (1).

La Russie étouffe ; elle a besoin de respirer l'air de la liberté, mais d'une liberté graduellement dosée jusqu'à l'heure de l'émancipation. Par exemple, l'introduction brusque du régime

(1) Nous aussi nous avons été menacés d'un czarisme religieux : d'abord par Louis XIV, dans des circonstances où Bossuet lui-même se montra, comme on sait, assez faible ; une deuxième fois par la constitution civile du clergé ; une troisième fois par Napoléon Ier, et de nouveau nous le sommes aujourd'hui.

anglais ou du régime américain la jetterait sur-le-champ dans de nouvelles convulsions anarchiques.

Le meilleur des gouvernements, dit quelque part Aristote, dans sa *Politique*, est mauvais s'il n'est stable. Il faut, avant tout, dans un édifice politique et social, assurer la stabilité, l'équilibre ; et quand cet édifice, vermoulu, menace ruine, il le faut étayer à tout prix. Donc, nécessité d'un gouvernement très fort dans un pays où, comme dans l'empire moscovite, la hiérarchie sociale n'existant plus, la hiérarchie politique n'a d'autre appui que la hiérarchie factice et fragile des fonctionnaires.

Le fonctionnarisme, composé arbitrairement de créatures du pouvoir, ne peut posséder l'indépendance, ni, par conséquent, présenter des garanties de résistance. Le fonctionnarisme n'est et ne peut être qu'une façon de charpente, tandis que les institutions sociales sont comme de la maçonnerie. Mais, lorsque la maçonnerie fait défaut, ou lorsque les pierres disjointes et pourries, tombant en poussière, l'édifice n'a pour unique soutien que la charpente, c'est une nécessité rigoureuse que d'entretenir avec soin et de consolider cette charpente, et c'est sagesse de s'en couvrir comme d'un abri pour travailler sans relâche à réédifier la maçonnerie jusqu'au jour où la charpente pourra être *prudemment* démontée ou jetée bas, selon les circonstances.

On peut objecter que dans le pays réputé comme le plus extraordinairement libre, aux États-Unis, antipodes géographiques et politiques de la Russie, il n'existe pas davantage de hiérarchie sociale, si ce n'est celle de la richesse. C'est vrai et cela explique pourquoi l'incomparable édifice politique construit par Washington, n'étant pas construit sur une hiérarchie sociale et n'ayant pour fondement que les sables mouvants de la démocratie, — de la fausse et mauvaise démocratie *non organisée*, — cela explique, disons-nous, pourquoi ce superbe édifice présente après un siècle d'existence les plus inquiétantes lézardes.

Ce double exemple de la Russie et des États-Unis nous paraît précisément démontrer qu'il ne peut exister de solides institutions politiques si elles n'ont pour bases de solides institutions sociales, lesquelles — eût ajouté Brunetière — ne peuvent subsister que si elles ont elles-mêmes pour bases de solides institutions religieuses.

Or ce n'est pas l'œuvre d'un jour que de créer une hiérarchie sociale, une hiérarchie d'« autorités sociales », selon l'expression de Le Play. Car il est très difficile de faire admettre aux masses russes, américaines ou françaises, que le régime démocratico-césarien ne soit pas le meilleur.

Que l'opposition des mots de Russie et de démocratie ne surprenne personne. L'idée n'est pas un paradoxe, ce n'est même pas une nouveauté; car il y a soixante ans déjà qu'on a pu dire : « L'Autocratie — qui n'est en définitive qu'une démocratie idolâtre — produit le nivellement chez nous, Russes (1), tout comme la démocratie absolue le produit dans les républiques simples. »

Mais si l'autocratie sans frein appelle le nivellement de la démocratie absolue (2), réciproquement le nivellement de la démocratie absolue appelle l'autocratie sans frein, l'autocratie césarienne d'un homme ou d'une assemblée. Autocratie, nivellement, ces deux maux complémentaires s'engendrent mutuellement (3).

Voilà pourquoi il nous semble que, par deux voies opposées comme par les deux escaliers de droite et de gauche aboutissant à un même perron, les deux empires les plus typiques d'à présent, la Russie et les États-Unis, paraissent s'acheminer

---

(1) *La Russie en 1839*, par le Marquis DE CUSTINE, 3e édition, Paris, 1846, t. I, lettre cinquième. L'auteur est un descendant de l'ancienne noblesse des Varègnes, compagnons de Rurik, le premier fondateur de la Russie politique.

(2) Le nivellement est un accompagnement nécessaire de la démocratie *pulvérisée*, mais non pas du tout de la vraie et bienfaisante démocratie *organisée*.

(3) Au dire de feu M. de B......g qui, durant plusieurs années, a rempli les hautes fonctions d'ambassadeur de France à Constantinople, le despotisme du sultan a engendré en Turquie, tout comme le despotisme des czars en Russie, le régime social de la démocratie absolue.

vers des régions identiques au fond, malgré certaines différences accidentelles, régimes peu attrayants et qui — au moins pour commencer — ressembleront à quelque chose comme l'empire romain régularisé.

C'est seulement lorsqu'on aura enseigné aux hommes la nécessité d'une hiérarchie (sociale d'abord, politique ensuite), que les peuples pourront réaliser chez eux le gouvernement mixte et tempéré, mélange de démocratie, d'aristocratie, et de monarchie (élective ou héréditaire), gouvernement proclamé comme le meilleur par les sages de tous les temps.

Reste à savoir jusqu'à quel point les Slaves qui ne paraissent pas posséder, tant s'en faut, le sens politique des vieux romains, ni des anglo-normands, sauront, dans leurs constitutions futures, s'approcher de ce régime idéal, mixte et tempéré, dont les deux constitutions républicaines de la vieille Rome et de Washington (sans parler de la constitution monarchique de l'Angleterre) nous offrent de belles imitations?

ÉTUDE

SUR LA SITUATION ÉCONOMIQUE ET LES CONDITIONS DU CRÉDIT EN TURKESTAN

Le Turkestan russe est entré dans une période de prospérité remarquable. Les développements de la culture et de l'industrie y ont créé un mouvement commercial qui trouve à peine un débouché suffisant par les lignes de chemins de fer reliant cette région à la Russie centrale et aux mers de l'Europe méridionale.

Un organe essentiel de travail, la Banque, devrait prendre dans le Turkestan de nouveaux développements pour favoriser cet essor économique.

Il n'y existe que des banques russes, qui manquent toutes de capitaux. Ce sont les suivantes :

La Banque Russo-Chinoise, qui fait le plus grand nombre d'opérations commerciales. En dix ans, elle a établi douze succursales dans la région et ne peut suffire qu'à une faible partie des affaires.

A côté d'elle, quatre autres établissements financiers, d'importance égale ou inférieure, ont fondé des comptoirs dans les villes principales, mais ne peuvent en fonder davantage, faute de capitaux suffisants. Ce sont :

La Banque Internationale de Moscou, 2 succursales au Turkestan ;

La Banque Volgo-Kamsky, 1 succursale au Turkestan ;

La Banque d'Escompte de Moscou, 1 succursale au Turkestan ;

La Banque du Commerce Extérieur, 1 succursale au Turkestan.

Mises à part les ressources accessoires que ces diverses banques tirent des dépôts, comptes-courants, prêts sur titres, transferts, changes, etc., elles trouvent leurs principaux bénéfices dans l'escompte du papier commercial et dans le prêt sur marchandises.

Les fonds d'escompte peuvent être considérablement accrus sans augmentation du capital par le réescompte du portefeuille, mais, pour plusieurs motifs, ce procédé n'est pas encore mis en pratique par les banques du Turkestan.

Tout d'abord, c'est à peine s'il commence à être employé dans la Russie d'Europe où certaines banques russes ont des relations assez suivies avec les banques allemandes.

Réescompter en Russie le papier du Turkestan, est à peu près impraticable. Ce serait une opération sans profit, les taux d'escompte de la métropole ne présentant pas une différence suffisante.

Au Turkestan même les banques ne pourraient réescompter qu'à la Banque du Gouvernement qui a ouvert des succursales dans les principaux centres, et qui, pour favoriser les affaires, maintient toujours un taux d'escompte inférieur de 2 à 3 o/o à celui des banques privées. Mais ces dernières nuiraient à leurs propres clients si elles passaient leur portefeuille à la Banque du Gouvernement pour le réescompter, car de la sorte celle-ci diminuerait le crédit ouvert chez elle aux signataires de ces effets.

Le seul moyen de développer l'escompte au Turkestan serait donc d'établir un commerce d'argent direct entre ce pays, où le taux est très élevé, et l'un des pays d'Occident où le taux est le plus bas, c'est-à-dire la France ou l'Angleterre. Là, les « weksels » du Turkestan (billets à ordre russes) seraient escomptés une seconde fois pour fournir un roulement de fonds à de nouveaux escomptes sur place. On pourrait ainsi tripler ou quadrupler aisément le chiffre de ces opérations, sans même épuiser les besoins d'argent du commerce local, et tout en accordant un intérêt très avantageux aux capitaux étrangers, les banques de l'Asie centrale y trouveraient également leur profit.

D'honorables habitants du Turkestan déclarent avoir retiré de leur longue expérience commerciale la certitude que les affaires, dans cette région spécialement et au point de vue de ses relations avec la Russie, où elle exporte presque tous ses produits, sont d'une sécurité absolue et présentent beaucoup moins d'aléa que dans les pays très développés. Cela se comprend aisément quand on songe que les incalculables richesses naturelles dont la population musulmane, depuis longtemps civilisée, sait tirer parti, commencent à peine à être exploitées par les procédés de l'organisation moderne.

Nous sommes en mesure de produire des documents officiels d'où résulte que, dans les provinces de Samarkand et de Boukharie, les tribunaux ne prononcent qu'une ou deux faillites par an. Les bénéfices du commerce sont tellement élevés dans les circonstances favorables qu'ils couvrent bien au-delà les mécomptes des récoltes faibles et des fluctuations de cours.

Aussi les taux élevés de l'escompte et en général du loyer de l'argent ne nuisent-ils en rien aux affaires, qui s'empresseraient d'emprunter beaucoup plus aux mêmes conditions si le capital s'offrait davantage ; mais la Russie manque de disponibilités monétaires, et seul l'étranger peut suppléer à cette pénurie.

Les banques du Turkestan escomptent en moyenne à 10 0/0, faisant varier le taux suivant les indications du marché de Russie, et c'est seulement il y a quelques années, lorsque les affaires avaient pris un essor extraordinaire, qu'elles ont descendu à 8 o/o au minimum. Actuellement elles prélèvent de 9 à 12 o/o selon l'importance des crédits et comptes-courants ouverts à leurs différents clients.

Au point de vue légal, les garanties du crédit sont exactement les mêmes qu'en Europe, la loi russe régissant exclusivement le droit commercial, même pour les indigènes, sans intervention de leur propre loi. De fait, les recouvrements s'effectuent sans aucune difficulté.

L'organisation de l'escompte dans les banques russes — organisation appliquée très strictement au Turkestan — présente des garanties exceptionnelles. Elles n'acceptent que le papier de leurs clients auxquels le Comité d'escompte a ouvert un crédit pour une somme déterminée, et n'escomptent ce papier que jusqu'à concurrence du crédit ouvert.

Le Comité d'escompte est composé de cinq à sept notables commerçants de la ville, musulmans, israélites et russes, qui se contrôlent mutuellement. Il siège à la banque chaque semaine. Il examine les demandes d'ouverture et d'augmentation de crédit et les accepte ou les rejette selon la surface commerciale du demandeur. En général, il exige que celui-ci soit propriétaire d'immeubles. Il diminue à son gré le montant des crédits ouverts quand il juge un client gêné. En outre, tous les weksels présentés à l'escompte sont soumis à sa discussion ; il pèse la solvabilité de l'endosseur et au besoin du signataire, et il a toujours le droit de refuser l'escompte.

Avec de telles précautions, les banques n'éprouvent jamais de pertes.

Nous avons demandé à un directeur de banque de la région pourquoi, retirant de tels bénéfices de l'escompte, il n'en faisait pas davantage, quand tous les commerçants se plaignent de la faiblesse des crédits que ces établissements leur accordent. Nous avons reçu cette réponse :

« Il n'y aurait rien à craindre à augmenter les crédits, la puissance d'absorption du commerce est pour ainsi dire indéfinie ; la population entière est honnête et tranquille, les mœurs commerciales sont régulières ; on trouverait aisément toutes les garanties requises pour un crédit bien supérieur ; mais l'argent nous manque, avouaient ces messieurs, et nos profits ne sont pas suffisants pour augmenter nos fonds, car ils sont absorbés en grande partie par les frais considérables de nos succursales, et dans l'ensemble l'intérêt qui nous revient reste très loin de celui que nous touchons sur chaque opération. Il faudrait, concluaient-ils, pouvoir réescompter notre portefeuille pour trouver de nouveaux moyens d'action. Et comment y parvenir ? Seul l'étranger résoudra ce problème quand il aura compris que le Turkestan peut rémunérer le crédit beaucoup mieux que les pays surchargés de capitaux. Mais pour que les opérations de réescompte fussent lucratives, il faudrait qu'elles fussent conduites directement avec le capital étranger, sans passer par l'intermédiaire de la Russie. Nos administrations centrales l'ont si bien compris qu'elles ne veulent pas s'en charger. »

Etant données ces conditions favorables, nous exprimons l'avis que le capital français peut en toute confiance étudier un projet de réescompte du portefeuille des banques du Turkestan.

TABLE DES MATIÈRES

IMPRIMERIE COOPÉRATIVE OUVRIÈRE

VILLENEUVE-SAINT-GEORGES (S.-&-O.)

www.ingramcontent.com/pod-product-compliance
Ingram Content Group UK Ltd.
Pitfield, Milton Keynes, MK11 3LW, UK
UKHW012029240726
13965UKWH00002B/666